21 世纪高等教育
数字艺术类规划教材

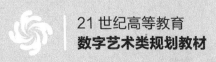

平面设计
基础与应用教程
（Photoshop CS6）

吴菲 胡静 王维 赵银花 ◎ 编著

人民邮电出版社
北 京

图书在版编目（CIP）数据

平面设计基础与应用教程：Photoshop CS6 / 吴菲
等编著. -- 北京：人民邮电出版社，2014.10（2021.6重印）
21世纪高等院校数字艺术类规划教材
ISBN 978-7-115-36981-9

Ⅰ．①平… Ⅱ．①吴… Ⅲ．①图象处理软件－高等学
校－教材 Ⅳ．①TP391.41

中国版本图书馆CIP数据核字(2014)第215947号

内 容 提 要

本书内容共 15 章，分两部分涵盖了 Photoshop 软件操作中的主要知识点。第一部分基础篇从 Photoshop
CS6 的基本操作入手，循序渐进地介绍了图像选区的创建及编辑、图像的美化和润色、图像的绘制、文本
的编辑、图层的应用、滤镜的使用、动作与批处理的应用、通道和蒙版的应用、GIF 动画的制作等内容。
每一章最后为实战案例部分，案例的选取循序渐进、辐射面宽。本书的第二部分应用篇选取了 4 个经典案
例，将基础知识透过项目案例传达给读者，用实例讲解专业基础知识和设计元素在设计实践中的应用。

本书非常适合 Photoshop 零基础的读者，可作为普通高等院校计算机艺术设计等专业的教材，也可作
为社会培训机构的培训教材使用。

◆ 编　著 吴 菲 胡 静 王 维 赵银花
　　责任编辑 许金霞
　　责任印制 彭志环 杨林杰

◆ 人民邮电出版社出版发行　　北京市丰台区成寿寺路 11 号
　　邮编 100164　电子邮件 315@ptpress.com.cn
　　网址 http://www.ptpress.com.cn
　　固安县铭成印刷有限公司印刷

◆ 开本：787×1092　1/16
　　印张：14.25　　　　　　　　　2014 年 10 月第 1 版
　　字数：346 千字　　　　　　　　2021 年 6 月河北第 8 次印刷

定价：36.00 元

读者服务热线：(010)81055256　印装质量热线：(010)81055316
反盗版热线：(010)81055315

软件介绍

Photoshop 是一款应用于平面设计的优秀辅助设计软件，功能强大，在图形图像领域独占鳌头。它集图像设计、特效合成及高品质输出等功能于一体，具有十分完善的图像处理和编辑功能。随着 Photoshop CS6 版本的推出，其功能也在不断增强，如裁切工具、照片模糊、自动校正功能、侵蚀效果画笔、自适应广角等，可以最大程度地满足平面设计、广告设计、Web 设计、摄影师、动画制作人员的需求。

内容介绍

本书的内容和体系设计充分考虑了学生的认知规律和艺术设计能力的发展要求。我们对本书的体系结构做了精心的设计，分为基础篇和应用篇两部分。基础篇从 Photoshop 操作基础开始讲起，包括图层、通道、蒙版、路径等工具的使用方法。每章后的实战案例具有实用性、可操作性和针对性，将基础知识透过案例传达给读者，阐明专业知识之间的内在联系，让学生能够举一反三，全面掌握整个知识体系。应用篇集合前面所讲解的知识进行案例制作解析，分别讲解了文字设计、网页设计、书籍装帧设计和海报招贴设计四个不同应用领域，详细介绍了图形图像设计的基础理论、行业知识和设计要点。本书突出体现了"注重实践"的特色，不只是单纯讲授怎么做，重点放在专业基础知识学习和社会实践的融合，具有较强的应用性，真正达到学以致用的目的。

本书特色

本书内容丰富、体例结构清晰，紧扣平面设计的日常工作，由浅入深、循序渐进地介绍了 Photoshop CS6 的基本功能以及各类作品的制作方法和技巧；同时集知识性与应用性为一体，充分体现了这门课的实践性特点，其中穿插的实战案例，对该章节中的重点知识进行实际操作应用，以加深读者的学习印象，对操作的相关注意事项进行补充，从而扩充读者学习的知识内容。最后的实用篇，详细介绍了 Photoshop 在各个行业中具体应用的理论知识和相关案例的制作过程，从而满足读者更高层次上的学习需求。

适用对象

本书适用于平面设计制作的初级、中级用户，以及平面设计、插画设计、包装设计、网页制作、广告设计等领域的从业人员，同时也适合高等院校相关专业的学生和培训机构的学员阅读参考。

本书的全部素材图片和案例的最终效果文件等，读者可以在人民邮电出版社教学服务资源网（www.ptpedu.com.cn）免费下载，跟随书中的讲解进行操作，从而达到事半功倍的效果。

真诚致谢

在本书的编写过程中，长春工业大学李万龙教授对本书的编写提出了许多宝贵意见。长春工业大学的刘林、陈满林、胡冠宇同志对本书的编写提供了许多帮助。在此一并感谢！

真诚希望读者能从本书中学有所获，学有所得！由于时间仓促，加之作者水平有限，书中难免有错误和疏漏之处，敬请广大专家和读者朋友批评、指正。

编　者
2014 年 6 月

目录
CONTENTS

Photoshop CS6

平面设计基础与应用教程

（Photoshop CS6）

Part

One

基础篇

第 1 章
概述

在众多的图像处理软件中，由 Adobe 公司推出的，专门用于图形图像处理的软件 Photoshop，以其功能强大、集成度高、适用面广且操作简便而著称于世。Photoshop 被称为"思想的照相机"，是目前最流行的图像设计与制作工具。

Photoshop 不仅提供了用以绘制艺术图形的强大的绘图工具；还能从扫描仪、数码相机等设备上采集图像，并对它们进行修改、修复，调整图像的色彩、亮度，改变图像的大小；还可以对多幅图像进行合并并增加特殊效果。

Photoshop CS6 在软件界面与功能上相比旧版都有更新。在学习使用该软件前，先来了解一下 Photoshop 软件的应用、安装配置要求及图像处理的常用术语等基础知识，为以后的学习打下基础。

1.1 应用领域

Photoshop 以其强大的位图编辑功能、灵活的操作界面、层出不穷的艺术效果，早已渗透到了平面印刷设计、建筑装潢设计、摄影后期、插画设计等各个图像设计领域。

1.1.1 平面印刷设计

平面设计是应用最为广泛的设计种类，普遍应用于各种传播媒体中，如海报、报纸、杂志、包装等，主要是结合图文、版式编辑等设计。Photoshop 自诞生之日起，就引发了印刷业的技术革命。利用该软件，工作人员不但摆脱了手工剪贴图片的繁琐操作，而且使原本困难的制作过程以及也许在现实生活中根本不存在的图像效果得以实现，如图 1-1 所示。

图 1-1 优秀平面印刷设计作品

1.1.2 建筑装潢设计

在设计制作建筑装潢效果图时，一般用 3ds Max 渲染出来的图片颜色有偏差，或者边缘有缺陷。一些人物、植物、天空、装饰品不需要在 3ds Max 中渲染，只需利用 Photoshop 来进行后期贴图就可以了。通过对图像进行调整、润色、添加纹理效果，既增加了图像的美感，又节约了渲染时间，如图 1-2 所示。

图 1-2 优秀建筑装潢设计作品

1.1.3 摄影后期设计

随着数码摄影技术的不断发展，Photoshop 与数码摄影的联系更加紧密。借助 Photoshop 强大的图像处理功能，可以实现卓越的作品修复效果，创建富有艺术感和个性化的摄影作品。利用 Photoshop 的修复工具，还可将一张破旧的老照片修补为一张完整的照片，如图 1-3 所示。

图 1-3　优秀摄影后期制作作品

1.1.4　插画设计

Photoshop 强大的绘画及调色功能不仅可以实现逼真的传统绘画效果，还可以实现一般画笔无法实现的特殊效果，如图 1-4 所示。

图 1-4　优秀插画设计作品

1.2　运行环境

全新的 Photoshop CS6 版本在拥有更强大功能的同时，也对硬件有着更为严格的要求，配置低的电脑将无法正常运行软件或运行速度会非常慢，下表所示为安装 Photoshop CS6 的最低系统配置要求。

	Windows	Mac OS
处理器	Intel Pentium 4 或 AMD Athlon 64 处理器	Intel 多核处理器（支持 64 位）
操作系统	Microsoft Windows XP（带有 Service Pack 3）或 Windows 7（带有 Service Pack 1）	Mac OS X10.6.8 或 10.7 版
内存	1GB 内存	1GB 内存
硬盘空间	1GB 可用硬盘空间用于安装；安装过程中需要额外的可用空间（无法安装在基于闪存的可移动存储设备上）	2GB 可用硬盘空间用于安装；安装过程中需要额外的可用空间（无法安装在使用区分大小写文件名的文件系统的卷或可移动闪存设备上）
显示器	1024×768 分辨率（推荐 1280×800），16 位颜色和 256MB 的显存	1024×768 分辨率（推荐 1280×800），16 位颜色和 256MB 的显存
显卡	支持 OpenGL 2.0	支持 OpenGL 2.0
光驱	DVD-ROM 驱动器	DVD-ROM 驱动器
网络	软件激活、订阅验证和访问在线服务需要 Internet 连接和注册。电话激活不可用	软件激活、订阅验证和访问在线服务需要 Internet 连接和注册。电话激活不可用

1.3 基本知识

1.3.1 像素与分辨率

像素和分辨率是 Photoshop 软件中最常用到的两个基本概念，这两个参数决定了文件的大小和图像输出的质量。

1. 像素

位图图像放大到一定程度会出现色块，色块的专业名称叫作像素（Pixel），它是组成位图图像的最基本单元。一个图像文件的像素越多，包含的图像信息就越多，就越能表现更多的细节，图像的质量自然就越高。同时保存它们所需的磁盘空间也会越大，编辑和处理的速度也会越慢，如图 1-5 所示。

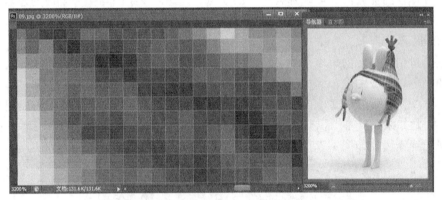

图 1-5　将右侧图片放大到 3200% 时显示的像素点

2. 分辨率

分辨率是指在单位长度内包含的点（像素）的多少，其单位为像素/英寸（Pixel/inch）或像素/厘米（Pixel/cm）。分辨率分为图像分辨率、屏幕分辨率、输出分辨率等，其含义分别如下。

图像分辨率指每英寸图像中所包含的点（即像素）的多少，例如 600dpi 表示的就是该图像每英寸包含了 600 个点（像素）。图像的尺寸、分辨率和图像文件的大小三者之间有着密切关系，图像的尺寸越大，图像的分辨率越高，图像文件也就越大，调整图像尺寸和分辨率可以改变图像文件的大小。图像分辨率是决定打印品质的重要因素，分辨率越高，图像越清晰，打印处理需要的时间越长，对打印设备的要求越高，如图 1-6 所示。

图 1-6　高分辨率与低分辨率效果对比图

图像分辨率并不是越高越好，图像要使用何种大小的分辨率，应视其用途而定。如果设计的图像只是用于屏幕显示，分辨率一般可设置为 72dpi；如果用于打印，新闻纸分辨率一般可设置为 150dpi；如果用于印刷，胶版纸分辨率为 200dpi，铜版纸应不低于 300dpi。一定要在文件建立时设置好图像的分辨率，如果在文件生成后再更改分辨率，会严重影响图像的质量。

打印分辨率：指打印灰度级图像或分色所用的网屏上每英寸的点数，它是用每英寸上有多少行来测量的。

输出分辨率：也称为设备分辨率，指的是各类设备输出每英寸内容所包含的点数，如显示器、喷墨打印机、激光打印机和绘图仪等输出设备的分辨率。

1.3.2 位图与矢量图

在计算机中，图像是以数字方式来记录、处理和保存的。所以，图像也可以称为数字化图像。图像类型大致可以分为位图图像和矢量图像。这两种类型的图像各具特色，也各有优缺点，两者各自的优点恰好可以弥补对方的缺点。因此，在绘图与图像处理的过程中，往往需要将这两种类型的图像交叉使用，这样才能取长补短，使作品更加完善。

1. 位图

位图通过组成图像的每一个点（像素）的位置和色彩来表现图像，这些点可以进行不同的排列和染色以构成图像。这样的文件可以用 Photoshop 等软件来浏览和处理。通过这些软件，我们可以把图形的局部一直放大，到最后可以看见一个个像素点。位图图形是与分辨率有关的，因此如果在屏幕上以较大的倍数放大显示图像，或以过低的分辨率打印，位图图像就会出现边缘锯齿，如图 1-7 所示。

图 1-7   位图图像放大局部后的效果

位图图像文件的类型很多，如*.bmp、*.pcx、*.png、*.gif、*.jpg、、*.tif、、*.psd、*.cpt等。同样的图像，保存成以上几种不同的位图格式时，文件的体积会有一些差别，尤其是 jpg 格式，它的大小只有同样的 bmp 格式的 1/35～1/20，这是因为它们的点矩阵经过了复杂的压缩算法处理的缘故。

位图文件具有以下特点。

图形面积越大，文件的体积越大。

文件的色彩越丰富，文件的体积越大。

2. 矢量图

矢量图又称"向量图"，它通过矢量来描述由线段和曲线所构成的图像。它根据图像的几何特征对其进行描述，编辑时定义的是构成图像的线的属性。

矢量文件中的图形元素称为对象。每个对象都是一个自成一体的实体，它具有颜色、形状、轮廓、大小和屏幕位置等属性。矢量图像和分辨率无关，这意味着它们可以以最高分辨率显示到输出设备上。矢量图不受设备分辨率的影响,当放大或缩小时,图像的显示质量不会改变。因此,矢量图形是文字和线条图形的最佳选择,如图1-8所示。

图1-8 矢量图放大局部后的效果

矢量图形格式也很多,如*.ai、*.eps、*.dwg、*.dxf、*.cdr、、*.wmf、、*.emf 等。当需要打开这种图形文件时,程序根据每个元素的矢量描述计算出这个元素的图形,并显示出来。就好像我们写出一个函数式,通过计算机也能得出函数图形一样。

矢量图形具有以下特点。

- 可以无限放大图形中的细节,不用担心会出现失真和色块。
- 一般的线条图形和卡通图形,存成矢量图文件要比存成位图文件小很多。
- 保存后文件的大小与图形中元素的个数和每个元素的复杂程度成正比,而与图形面积和色彩的丰富程度无关。元素的复杂程度指的是这个元素的结构复杂度,如五角星就比矩形复杂、一条任意曲线就比一条直线复杂。
- 通过软件,矢量图可以轻松地转化为位图,而位图转化为矢量图就需要经过复杂而庞大的数据处理,而且生成的矢量图的质量完全无法和原来的图形相比。

1.3.3 图像的颜色模式

颜色模式是决定用于显示和打印图像的色彩模式,简单来说,颜色模式是用于表现颜色的一种数学描述,即一幅电子图像用什么样的方式在计算机中显示或打印输出。常见的颜色模式有 RGB、CMYK、Lab、HSB、灰度、位图和多通道模式等。新版本中还包括了用于特别颜色输出的模式,如索引模式和双色调模式。不同的颜色模式所定义的颜色范围不同,其通道数目和文件大小也不同,所以他们的应用方法也就有所区别。

1. RGB 模式

RGB 模式是 Photoshop 中最常用的一种颜色模式。不管是扫描输入的图像,还是绘制的图像,几乎都是以 RGB 模式存储的。这是因为在 RGB 模式下处理图像较为方便,而且 RGB 模式保有的图像比 CMYK 模式的文件要小得多,可以节省内存和存储空间。在 RGB 模式下能够使用 Photoshop 中所有的命令和滤镜。

2. CMYK 模式

CMYK 模式是一种用于印刷的颜色模式,它是由分色印刷所需的 4 种颜色组成,与 RGB 模式产生色彩的方式有所不同。RGB 模式产生的色彩方式称为加色法,而 CMYK 模式产生色彩的方式称为减色法。

在处理非印刷图像时,一般不采用 CMYK 模式,因为这种模式文件大,会占用较多的磁盘空间和内存。此外在该模式下,有很多滤镜都不能使用,所以在编辑图像时会带来很大的不便,因而通常在印刷时才转换成这种模式。

3. 位图模式

位图模式的图像只有黑色和白色两种颜色，它的每一个像素只包含一位数据，占用的磁盘空间较小。因此，在该模式下不能制作出色调丰富的图像，只能制作一些黑白两色的图像。当要将一幅彩色图像转换成黑白图像时，必须先将该图像转换成灰度模式的图像，然后再将它转换成只有黑白两色的位图模式。

4. 灰度模式

灰度模式的图像可以表现出丰富的色调，表现出自然界物体的生动形态和景观，但它始终是一幅黑白的图像，就像我们通常看到的黑白电视和黑白照片一样。

灰度模式中的像素是由 8 位的分辨率来记录的，因此只能够表现出 256 种色调，但只使用这 256 种色调就可以使黑白图像表现得相当完美。

5. Lab 模式

Lab 模式是一种较陌生的颜色模式，它由 3 种分量来表示颜色，该模式下的图像由三通道组成，每像素有 24 位的分辨率。

通常情况下不会用到该模式，但 Lab 模式是 Photoshop 内部的颜色模式。例如，如果要将RGB 模式的图像转换成 CMYK 模式的图像，Photoshop 会先将 RGB 模式转换成 Lab 模式，然后再由 Lab 模式转换成 CMYK 模式，只不过这一操作是在内部进行而已。因此 Lab 模式是目前所有模式中包含色彩范围最广泛的模式，它能毫无偏差地在不同系统和平台之间进行交换。

Lab 模式使用 3 个参数定义色彩：

L：代表亮度，其取值范围为 0～100。

a：由绿到红的光谱变化，其取值范围为 -128～127。

b：由蓝到黄的光谱变化，其取值范围为 -128～127。

6. HSB 模式

HSB 模式是一种基于人的直觉的颜色模式，使用该模式可以轻松自然地选择各种不同明亮度的颜色。在 Photoshop 中不直接支持该种模式，而只能在颜色面板中和拾色器对话框中定义一种颜色。

HSB 模式描述颜色有下列 3 个基本特征。

● H：色相，用于调整颜色，其取值范围为 0°～360°。

● S：饱和度，即彩度，其取值范围为 0%～100%，当饱和度值为 0% 时为灰色，当饱和度值为 100% 时为白色。

● B：亮度，颜色的相对明暗程度，其取值范围为 0%～100%，当亮度值为 0% 时为黑色，当亮度值为 100% 时为白色。

7. 多通道模式

多通道模式在每个通道中使用 256 灰度级。多通道图像对特殊的打印非常有用，例如，可以将图像转换为双色调模式，然后以 Scitex CT 格式打印。

8. 双色调模式

双色调是用两种油墨打印的灰度图像，黑色油墨用于暗调部分，灰色油墨用于中间调和高光部分。但是，在实际过程中，更多地使用彩色油墨打印图像的高光颜色部分，因为双色调使用不同的彩色油墨显示不同的灰阶。要将其他模式的图像转换成双色调模式的图像，必须先转换成灰度模式。转换时，可以选择单色调、双色调、三色调和四色调。但要注意在双色调模式中，颜色只是用来表示"色调"而已。所以在这种模式下，彩色油墨只是用来创建灰度级的，不是创建彩色的。当油墨颜色不同时，其创建的灰度级也不同。通常选择颜色时，都会保留原有的灰度部分作为主色，其他加入的颜色为副色。这样才能表现较丰富的层次感和质感。

9. 索引颜色模式

索引颜色模式又称为图像映射颜色模式，这种模式的像素只有 8 位，即图像最多只有 256 种颜色。索引颜色模式可以减少图像文件的大小，因此常用于多媒体动画制作或网页制作。

1.3.4 图像的文件格式

在 Photoshop 中处理完成的图像通常都不直接进行输出，而是导入到排版软件或者图形软件中，加上文字或图形并完成最后的版面编排和设计工作，然后再存储为相应格式的文件进行输出。因此，熟悉一些常用图像格式的特点及其适用范围，就显得尤为重要。

下面介绍一些常见图像文件格式的特点，以及在 Photoshop 中进行图像格式转换时应注意的问题，以便在存储图像时更有效地选择图像格式。

1. BMP 格式

BMP（Windows Bitmap，图像文件）最早应用于微软公司推出的 Microsoft Windows 系统，它是一种 Windows 标准的位图图像文件格式。它支持 RGB、索引颜色、灰度和位图颜色模式，且与设备无关，但不支持 Alpha 通道。

2. TIFF 格式

TIFF（Tagged Image File Format，标记图像文件）几乎所有的扫描仪和大多数图像软件都支持这一格式，因此 TIFF 格式应用的非常广泛。它可以在许多图像软件和平台之间转换，是一种灵活的位图图像格式。它支持 RGB、CMYK、Lab、索引颜色、位图模式和灰度模式，并且在 RGB、CMYK 和灰度 3 种颜色模式中还支持使用通道、图层和路径的功能。在 Photoshop 中，TIFF 格式的图像能够保存图像中的图层、通道和路径等内容。

3. PSD 格式

PSD 格式是使用 Adobe Photoshop 软件生成的图像格式，这种格式支持 Photoshop 中所有的图层、通道、参考线、注释和颜色模式。并且在保存文件时，会将文件压缩以减小占用的磁盘空间。

由于 PSD 格式所包含的图像数据信息较多（如图层、通道、剪辑路径、参考线等），因此比其他格式的图像文件要大得多，但是由于 PSD 文件保留了所有原图像数据信息（如图层），因而修改起来较为方便，这也是 PSD 格式的优越之处。

4. JPEG 格式

JPEG（Joint Photographic Experts Group，联合图像专家组）格式的图像通常用于图像预览和一些超文本文档（HTML 文档）。它的最大特色就是文件比较小，经过了高倍率的压缩，是目前所有格式中压缩率最高的格式。但是 JPEG 格式在压缩保存图像的过程中会以失真方式丢掉一些数据，因而保存后的图像与原图有所差别，没有原图像的质量好，因此印刷品最好不要使用该图像格式。

5. EPS 格式

EPS 格式应用的非常广泛，可以用于绘图或排版，是一种 PostScript 格式。它的最大优点是可以在排版软件中以低分辨率预览，对插入的文件进行编辑排版，而在打印或出胶片时则以高分辨率输出，做到工作效率与图像输出质量两不误。

6. GIF 格式

GIF 格式是 CompuServe 提供的一种图像格式，在通信传输时较为经济。它也可使用 LZW

压缩方式将文件压缩而减少磁盘空间占用。这种格式可以支持位图、灰度和索引颜色的颜色模式。GIF 格式广泛应用于因特网的 HTML 网页文档中，但它只能支持 8 位的图像文件。

7. PNG 格式

PNG 格式是由 Netscape 公司开发的图像格式，可以用于网络图像。PNG 格式可以保存 24 位的真彩色图像，并且支持透明背景和消除边缘锯齿的功能，可以在不失真的情况下压缩保存图像。由于不是所有浏览器都支持 PNG 格式，且所保存的文件也较大，影响下载速度，因此它在网页中的使用要比 GIF 格式少得多。PNG 格式文件在 RGB 和灰度模式下支持 Alpha 通道，但在索引颜色和位图模式下不支持 Alpha 通道。

8. PDF 格式

PDF（Portable Document Format，便携文档格式）是 Adobe 公司开发的，用于 Windows、Mac OS、UNIX 和 DOS 系统的一种电子出版软件的文档格式。它以 PostScript Level 2 语言为基础，可以支持矢量图形和位图图像，并且支持超级链接。PDF 文件是由 Adobe Acrobat 软件生成的文件格式。该格式可以包含多页信息，其中包括图形、文档的查找和导航功能。因此，使用该软件不需要额外的排版或图像软件即可获得图文混排的版面。由于该格式支持文本链接，因此网络文档经常使用该格式。

1.4　工作界面

要熟练运用 Photoshop 进行图像处理，首先应对其构成要素有一定的了解和认识。启动 Photoshop CS6 后可以看到进行图像处理的各种工具、菜单以及默认的工作界面。

Photoshop CS6 采用的是经过重新设计的深色界面，官方认为这样能带来"更引人入胜的使用体验"，但如果用户更喜欢原来浅灰色界面，也可以执行"编辑>首选项>界面"命令进行设置。在"外观"选项组中单击"颜色主题"中的色调框，可改变界面颜色。

Photoshop CS6 的工作界面由菜单栏、属性栏、工具箱、工作区、浮动面板和状态栏组成，如图 1-9 所示。

图 1-9　Photoshop 工作界面

【菜单栏】菜单栏位于 Photoshop CS6 工作界面的顶端，软件中的主要命令均包含其中，由文件、编辑、图像、文字、选择、滤镜、3D、视图、窗口和帮助 11 个菜单组成。单击任何一个菜单都会弹出相应的下拉菜单，使用下拉菜单中的命令，可以完成大部分的图像处理工作。在使用菜单命令时，应注意以下几点。

- 菜单命令呈灰色时，表示该命令在当前状态下不可使用。
- 菜单命令标有黑色小三角按钮符号，表示该菜单命令中还有下级子菜单。
- 菜单命令后标有组合键（称为菜单快捷键），表示使用该快捷键可直接执行该项命令。
- 菜单命令后标有省略符号，表示选择该菜单命令将会打开一个对话框。
- 要切换菜单，只需要在各菜单名称上移动光标即可。
- 要关闭所有已打开的菜单，可单击已经打开的主菜单名称，还可按<Alt>键或<F10>键。

【属性栏】属性栏主要用于显示当前所选工具的属性。当选取了某个工具后，属性栏会显示可用的属性设置。在“移动工具”属性栏中除了所包含的属性设置外还包含了 5 种 3D 工具盒软件界面的模式切换。

执行“窗口”>“选项”命令，即可显示或隐藏属性栏。在默认情况下，属性栏位于工作界面中菜单栏的下方，若要改变其位置，可将鼠标光标置于其左侧标题栏处，单击鼠标左键并拖曳，即可移动属性栏至窗口中的任意位置。

【工具箱】一名能干的修理工人都有自己完备的工具箱，只有这样工作起来才能得心应手。在 Photoshop 中，工具箱是它处理图像的“兵器库”。

工具箱的默认位置是在工作界面左侧，部分工具图标的右下角带有一个灰色小三角图标，表示其中还包括多个子工具。使用鼠标右键单击工具图标或左键按住工具图标不放，则会显示工具组中隐藏的子工具。在弹出的工具组中，单击鼠标左键即可选取复合工具，按住<Alt>键的同时单击所选工具，可切换工具组中不同的工具。选取工具也可以通过快捷键来实现，将光标置于所选工具按钮上，停留片刻会出现工具名称的提示，提示框中的大写英文字母即是该工具的快捷键。

【工作区】工作区就是可以在上面进行图像处理与编辑的地方，主要用于显示图像文件、进行浏览和编辑图像。在未打开图像文件时，该区域显示为灰色，打开任意图像后，该区域显示该图像文件中的图像，可通过调整工作界面的预览比例以不同的形式显示图像。

【浮动面板】浮动面板就是工作界面右侧的多个小窗口，它们主要用于对操作进行控制和设置参数。在浮动面板的名称上单击鼠标右键，还能针对不同的面板功能打开快捷菜单进行操作。按<Alt>键可以隐藏工具箱和所有显示出来的面板，若再次按<Alt>键，将显示隐藏的工具箱和所有面板。

【状态栏】状态栏位于窗口最底部，它由两部分组成，状态栏最左边的是一个文本框，主要用于控制图像的显示比例，直接在文本框中输入一个数值，然后按<Enter>键，即可改变图像的显示比例。

状态栏的中间部分用于显示图像文件信息。若单击其右侧的三角形按钮，弹出一个菜单，可在弹出菜单“显示”选项的子菜单中选择不同的选项，以显示文件的不同信息。

1.5　文件的基本操作

在 Photoshop 中要对图像文件进行编辑和操作，首先应掌握文件的基本操作，如文件的打开、关闭、新建和存储等，灵活使用这些操作能为后面的学习打下坚实的基础。

1.5.1　新建文件

启动 Photoshop CS6 后，它的工作区中是没有任何图像的。若要编辑一个新图像，首先
需要新建一个文件。新建文件是指在工作界面中创建一个自定义尺寸、分辨率和模式的图像窗口，在该图像窗口中可以进行图像的绘制、编辑和保存等操作。执行"文件>新建"命令，或按<Ctrl+N>组合键，弹出"新建"对话框。在其中设置新建文件的名称、宽度、分辨率、颜色模式和背景内容等参数，完成设置后单击"确定"按钮即可新建一个空白文件，如图 1-10 所示。

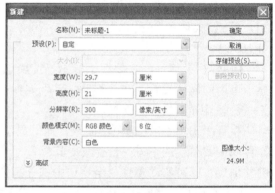

图 1-10　新建对话框

如果新建文件前，执行过复制图像的操作，则"新建"对话框将会显示上次复制图像的尺寸，或按<Ctrl+Alt+N>组合键，也可以得到上一次新建图像文件的尺寸。

1.5.2　打开和关闭文件

要编辑或修改已存在的 Photoshop 文件或其他软件生成的图像文件时，可执行"文件>打开"命令，或按<Ctrl+O>组合键，弹出"打开"对话框，在其中选择要打开的文件路径，或将文件打开，如图 1-11 所示。文件打开后还能对其进行关闭操作，关闭文件最常用的方法是单击图像窗口标题栏右上角的"关闭"按钮。

图 1-11　打开对话框

Photoshop 中打开文件的数量是有限的，它取决于计算机所拥有的内存和磁盘空间的大小，内存和磁盘空间越大，能打开的文件数目也就越多。打开一个图像文件至少需要该图像文件大小 3～5 倍的缓存空间。

1.5.3 存储文件

当完成一件作品或者处理完一幅打开的图像时，需要将完成的图像进行存储。存储文件的方法分为直接存储和另存为文件两种。

1. 直接存储

使用 Photoshop 对已有的图像进行编辑时，如不需要对其文件名、文件类型或存储位置进行修改，执行"文件>存储"命令或按<Ctrl+S>组合键，覆盖原有的图像文件进行存储。

2. 另存为新文件

如果要将新建的文件、打开的图像文件或编辑后的图像文件以不同的文件名、文件类型或存储位置进行存储，可以使用另存为的方法。执行"文件">"存储为"命令或按<Shift+Ctrl+S>组合键，弹出"存储为"对话框，在其中可设置新的文件名、文件类型或存储位置，这样即可在保留原文件的同时将改动后的图像文件存储为另一个新的图像文件，如图 1-12 所示。

图 1-12 存储为对话框

当存储文件并命名时，注意不要将文件的扩展名破坏。如果所保存的图像中含有图层，而且需要保存这些图层的内容，这时应该使用 PSD 格式或 TIFF 格式进行保存。

1.5.4 置入文件

置入文件是将照片、图片或任何 Photoshop 支持的文件作为智能对象添加到当前操作的文档中。执行"文件>置入"命令，然后在弹出的对话框中选择好需要置入的文件即可将其置入进来。

在置入文件时，置入的文件将自动放置在画布的中间，同时文件会保持其原始长宽比。但是如果置入的文件比当前编辑的图像大，那么该文件将被重新调整到与画布相同大小的尺寸。在置入文件之后，可对作为智能对象的图像进行缩放、定位、旋转等变形操作，并且不会降低图像的质量。

1.5.5 导入与导出文件

1. 导入文件

Photoshop 可以编辑变量数据组、视频帧到图层、注释和 WIA 支持等内容，当新建或打开图像文件以后，可以通过执行"文件>导入"命令，将这些内容导入到 Photoshop 中进行编辑。

将数码相机与计算机连接，在 Photoshop 中执行"文件>导入>WIA 支持"菜单命令，可以将照片导入到 Photoshop 中。如果计算机配置有扫描仪并安装了相关的软件，则可以在导入下拉菜单中选择扫描仪名称，使用扫描仪制造商的软件扫描图像，并将其存储为 TIFF、PICT、BMP 格式，然后在 Photoshop 中就可以打开这些图像。

2. 导出文件

在 Photoshop 中创建和编辑好图像后，可以将其导出到 Illustrator 或视频编辑设备中。执行"文件>导出"命令，可以在其下拉菜单中选择一种导出类型。

1.5.6 复制文件

在 Photoshop 中，如果要将当前文件复制一份，可以通过执行"图像>复制"菜单命令来完成，复制的文件将作为一个副本文件单独存在。

1.6 图像的基本操作

图像的基本操作包括屏幕的切换、图像的缩放、图像大小和画布大小的调整、图像的恢复操作、辅助工具等，下面将逐一进行介绍。

1.6.1 屏幕的切换

在处理较大图像时，可以对屏幕空间的大小进行调节。Photoshop CS6 中提供了 3 种屏幕模式，即标准屏幕模式、带有菜单栏的全屏模式和全屏模式。如图 1-13 所示，用户可以根据需要在这几种模式之间进行切换。其方法是在工具箱中单击"更改屏幕模式工具"，或在其工具组中直接选择需要的屏幕模式。按<F>键可以在不同的模式间切换；按<Tab>键可以保留标题栏、菜单栏和图像的情况下，显示或隐藏工具箱与所有浮动面板；按<Esc>键可以回到标准屏幕模式。

- 标准屏幕模式：可以显示默认的窗口，菜单栏位于窗口的顶部，滚动条位于侧面。
- 带有菜单栏的全屏模式：可以显示带有菜单栏和 50%灰色背景，但没有标题栏或滚动条的全屏窗口。
- 全屏模式：可以显示只有背景色，没有标题栏、菜单栏和滚动条的全屏窗口。

更改图像窗口的大小可以帮助用户查看图像文件的细节，其操作方法也很简单。首先将图像窗口从工作区顶部拖出，其次将光标移动到文件窗口右下角，当其变为斜箭头的形状时单击并拖动，此时图像窗口会随光标移动，进而改变窗口的大小。

图1-13　三种屏幕切换的模式

1.6.2　图像的缩放

图像的缩放是指在工作区中放大或缩小图像，与图像窗口的缩放有所不同。在工具箱中单击缩放工具，或者单击应用程序栏中的缩放按钮，将出现图1-14所示的缩放工具选项栏。将鼠标指针移动到图像窗口中，此时鼠标指针呈放大镜的形状🔍，单击要放大的区域，每单击一次，图像就放大至下一个预置百分比，并以单击的点为中心显示。双击缩放工具，可以使图像按100%的比例显示出来。

图1-14　缩放工具选项栏

按<Alt>键鼠标指针变为🔍，单击要缩小图像区域的中心，每单击一次，视图便缩小至上一个预置百分比。当文件到达最大可缩小级别时，放大镜中心将显示为空。

要放大图形中的某一块区域，只需将放大镜鼠标指针移动到图像窗口，然后按下鼠标左键拖曳出一个虚线矩形，指明要放大的部分即可。

也可以使用以下2种方法来使用缩放工具：执行"视图>缩小"/"视图>放大"命令，图像将缩小/放大显示一级；按<Alt+->/<Alt++>组合键，每按一次该组合键，图像将缩小/放大显示一级。

放大后图像可能无法在图像窗口中完全显示，此时可以通过移动图像窗口中的滚动条以显示其他部分的图像，也可以使用抓手工具✋，直接在图像中进行拖动即可浏览到不同区域中的图像内容。

在使用其他工具时，按住空格键即可暂时切换为抓手工具，按住空格键拖动鼠标也可以移动画面。

1.6.3　图像尺寸的调整

使用 Photoshop 进行图像处理的过程中，经常需要调整图像的尺寸，以适应显示或打印输出需要。调整图像尺寸的具体操作步骤如下：执行"图像>图像大小"命令，或按<Ctrl+Alt+I>组合键，弹出图 1-15 所示的"图像大小"对话框，在此对话框中，将图像的高度、宽度和分辨率等参数设置为所需的数值后，单击"确定"按钮即可。

像素大小：用于设置图像的宽度和高度的像素

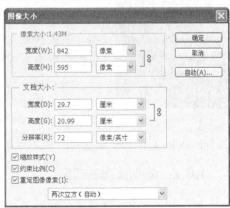

图1-15　"图像大小"对话框

值，可在其下方的"宽度"和"高度"数值框中直接输入数据。

文档大小：用于设置图像的宽度和高度以及分辨率。

缩放样式：选中该复选框，调整图像大小时，将按比例显示缩放效果。

约束比例：选中该复选框，可以约束图像高度和宽度比例，即在改变宽度数值的同时，高度数值也随之改变。

重定图像像素：取消选中该复选框，图像的像素数目固定不变，可以改变尺寸和分辨率；选中该复选框，改变图像尺寸和分辨率，图像的像素数目会随之改变。

1.6.4　画布尺寸的调整

画布是指绘制和编辑图像的工作区域，也就是图像的显示区域。调整画布尺寸的大小，可以在图像四周增加空白区域，或裁切掉不需要的图像边缘。调整图像画布大小的具体步骤是执行"图像>画布大小"命令，或按<Ctrl+Alt+C>组合键，弹出如图1-16所示"画布大小"对话框。

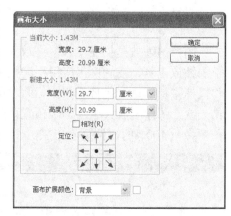

图1-16　"画布大小"对话框

在定位选项区域中，单击一个方块，画布将以该方块四周箭头方向进行扩展或缩小。在"新建大小"选项区域中的"宽度"和"高度"文本框中输入新画布的大小值，最后单击"确定"按钮，即可调整画布效果。如白色方块居中，则调整画布大小后，画布将由图像窗口的中心向四周或向内做辐射性的改变。

1.6.5　图像的恢复操作

在处理图像的过程中若对效果不满意或操作错误，可使用软件提供的恢复操作功能来处理这类问题。

（1）退出操作

退出操作是指在执行某些操作的过程中，完成该操作之前可中途退出，从而取消当前操作对图像的影响。要进行退出操作只须在执行操作时按<Esc>键即可。

图1-17　"历史记录"面板

（2）恢复到上一步操作

恢复到上一步操作是指让图像恢复到上一步编辑操作之前的状态，该步骤所做的更改将全部撤销。其方法是执行"编辑>还原上一步操作"命令或直接按<Ctrl+Z>组合键。

（3）恢复到任意操作

如果需要恢复的步骤较多，可执行"窗口>历史记录"命令，显示"历史记录"面板，如图1-17所示。在历史记录列表中找到需要恢复到的操作步骤，在要返回的相应步骤上单击即可。

1.6.6　辅助工具的应用

Photoshop中提供了许多辅助工具供用户在处理、绘制图像时，对图像进行精确定位，他们分别是标尺、网格、参考线和测量工具。下面对这些辅助工具进行简单的介绍。

1. 标尺的应用

标尺可以显示当前鼠标指针所在位置的坐标值和图像尺寸，使用标尺可以更准确地对齐对象和选取范围。执行"视图>标尺"命令，或按<Ctrl+R>组合键，在图像窗口中将显示标尺，如图 1-18 所示。

标尺可分为水平标尺和垂直标尺两部分，系统默认图像的左上角为标尺的原点（0，0）位置。当然，也可以根据自己的需要随意调整原点的位置。移动鼠标指针至标尺左上角的方格内，单击鼠标左键并拖曳至所需要的位置，然后释放鼠标，即可移动标尺的坐标原点。若需要还原坐标原点的位置，只需要在默认坐标原点处双击鼠标左键即可。

在显示标尺的图像窗口中移动鼠标时，水平标尺和垂直标尺上方就会出现一条虚线，表示当前鼠标指针所在的位置，随着鼠标指针的移动，虚线也会跟着移动。

使用"像素"作为标尺单位比较方便。设置标尺单位的方法也比较简单，移动鼠标指针至标尺上，单击鼠标右键，在弹出快捷菜单中选择所需要的单位即可更改标尺的单位。

2. 网格的应用

网格用于对齐图形和精确地定位鼠标指针。执行"视图>显示>网格"命令，在图像窗口中将显示网格，如图 1-19 所示。

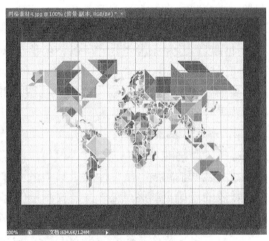

图1-18 显示标尺　　　　　　　　　　　　　　图1-19 显示网格

在图像窗口中显示网格后，就可以运用网格的功能，沿着网格线对齐或移动物体。如果想在移动物体时能够自动贴齐网格，或在创建选区时，自动对齐网格线的位置进行定位选取，执行"视图>对齐到>网格"命令即可。

Photoshop CS6 默认网格线的间隔为 25mm，子网格的数量为 4 个，网格的颜色为灰色，也可根据需要对其进行设置。执行"编辑>首选项>参考线、网格和切片"命令，弹出"首选项"对话框，在该对话框中，设置好相应的参数，执行"确定"按钮，即可完成网格设置操作。

3. 参考线的应用

参考线的功能与网格一样，也是用于对齐图像和定位光标，但由于参考线可以任意设置其位置，所以使用起来比较方便。使用菜单命令，可以精确地创建参考线，执行"视图>新建参考线"命令，在弹出的"新建参考线"对话框中，设置好参考线的水平或垂直方向以及参考线在图像窗口中的位置后，执行"确定"按钮，即可在指定位置添加一条新的参考线，如图 1-20 所示。

将鼠标置于窗口顶部或左侧的标尺上，按住鼠标左键并拖动鼠标到图像中适当的位置，释放鼠标后，即可在该位置上添加参考线。在创建参考线时，按住<Alt>键，可使参考线在水平方向和垂直方向之间切换。

在进行图像的精确编辑和操作时，可以对参考线进行锁定，避免因移动参考线而产生位置上的偏差；当操作完成后，还可以对辅助线进行解锁。执行"视图>锁定参考线"命令，或者按<Alt+Ctrl+;>组合键，可以进行参考线的锁定和解锁的切换。

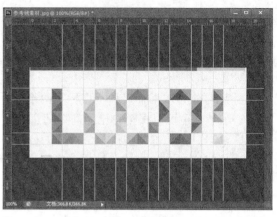

图1-20　新建参考线

在对图像进行编辑和操作的过程中，显示的参考线有时会影响图像的编辑效果，这时可隐藏图像中的参考线。其操作方法是执行"视图>显示>参考线"命令，或者按下<Ctrl+;>组合键，可以进行参考线的显示和隐藏的切换。

参考线是浮动在图像文件上的线条，只是给用户提供一个图像位置的参考，因此在打印图像时不会将参考线打印出来。在编辑完成图像文件或不需要参考线时，可以对图像中的参考线进行删除，其操作方法有两种：

如果要删除单条参考线，可以使用移动参考线的方法，将需要删除的参考线拖回到标尺上即可。

如果要删除所有参考线，执行"视图>清除参考线"命令，即可删除图像文件上所有的参考线。

4．标尺工具的应用

标尺工具 ▦ 也称度量工具，不仅可以用于测量图像中两点之间的距离，还可以用于测量两条线段之间的角度。使用标尺工具测量图像两点之间距离的操作步骤为：移动鼠标指针至测量线段的起始点或终点处，在需要测量的起始点单击鼠标左键并拖曳至另一测量处，释放鼠标后，信息面板和工具属性栏中将会显示测量的长度，如图1-21所示。

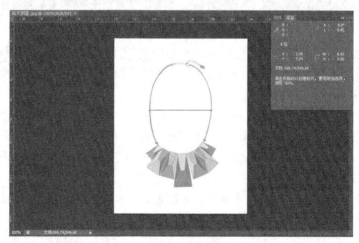

图1-21　测量距离

使用度量工具测量图像角度的操作步骤是：在窗口中单击鼠标左键并拖曳，确定第一条测量线段，按住<Alt>键，此时鼠标指针发生变化，单击鼠标左键并拖曳到需要测量角的位置处，释放鼠标后，即可完成图像角度的测量操作，此时信息面板中将显示对象的角度信息。

在使用度量工具测量图像的角度时，按住<Shift>键，可使鼠标在水平、垂直或 45°方向上移动。

1.6.7 系统参数设置

许多 Photoshop CS6 程序设置都存储在 Adobe Photoshop CS6 Prefs 文件夹中，包括常规显示选项、文件存储选项、光标选项、透明度选项以及用于增效工具和暂存盘的选项，每次退出 Photoshop CS6 程序时都会存储首选项设置。

如果出现异常现象，可能是因为首选项已被破坏。如果怀疑首选项已损坏，可以将首选项恢复为它们的默认设置。Photoshop CS6 程序中大部分首选项可以通过"首选项"对话框来进行设置。执行"编辑>首选项>常规"命令，可以调出"首选项（常规）"对话框，如图 1-22 所示。

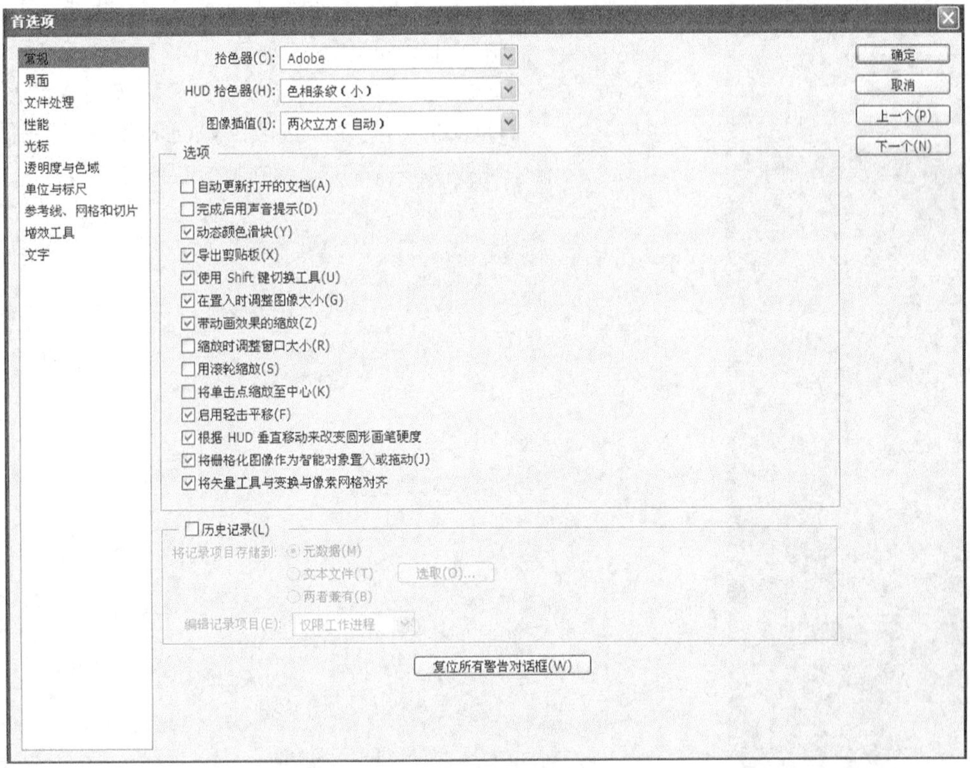

图 1-22 首选项对话框

利用该对话框可以进行 Photoshop CS6 首选项设置，在其左边的列表框中有 10 个不同的选项，单击其中一个选项，即可切换到相应 Photoshop CS6 首选项的设置状态，通过设置给用户带来不同风格的工作环境。

Chapter

2

第 2 章
选区

　　设置选区是 Photoshop 最为基本的操作。可以这样讲，如果没有选区，在 Photoshop 中将举步维艰，而且选区将始终贯穿于整个 Photoshop 的学习过程。在 Photoshop 中，虽然选区的表现形式不同，但是最终的目的都是一样的，即限制操作范围。

2.1　选区的概念及分类

2.1.1　选区的概念

顾名思义，选区就是选择的区域或范围。photoshop 的选区是指在图像上用来限制操作范围的动态虚线。

从选区的外观上看，选区是动态的虚线，如图 2-1 所示。

图 2-1　选区外观

从选区的作用上看，选区是用来限制操作的范围，如图 2-2 所示。

图 2-2　选区作用

2.1.2　选区的分类

根据选区形状的不同，可以将 Photoshop 的选区分为规则选区和不规则选区两大类。规则选区包括矩形、椭圆、单行和单列 4 个选框工具，而不规则选区则主要包括自由套索、多边形套索、磁性套索，以及快速选择和魔棒 5 个工具，如图 2-3 所示。

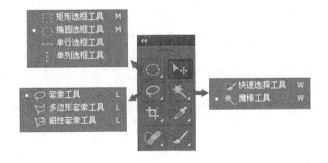

图 2-3　选区工具分类

需要说明的是，无论是规则选区还是不规则选区，其作为限制操作范围的作用将不会有任何改变，二者之间只是形状不同而已。

2.2　规则选区的创建

规则选区工具是相对于不规则选区而言的，主要是指工具箱中的矩形、椭圆、单行和单列 4 个选框工具。这 4 个选框工具绘制的选区效果，如图 2-4 所示。

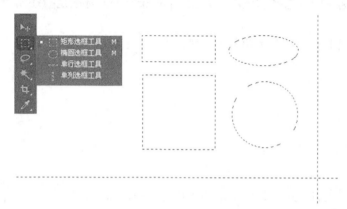

图 2-4　规则选区工具

2.2.1　矩形选框工具

在画面中要创建矩形和正方形选区时，一般使用"矩形选框工具"即可完成。选择此工具后，只需按住鼠标左键并在图像上拖曳就可以绘制出矩形选区。如果要以某点为中心绘制矩形选区，则可以在绘制选区时按住<Alt>键，然后再按下鼠标左键并拖曳；如果要使用矩形选框工具绘制一个正方形选区，则可以在绘制时按住<Shift>键，然后再按下鼠标左键并拖曳；同样道理，如果要绘制一个以某点为中心点的正方形选区，则可以在绘制时按<Alt+Shift>组合键，然后再按下鼠标左键并拖曳，按"空格"键可以平移选区，如图 2-5 所示。

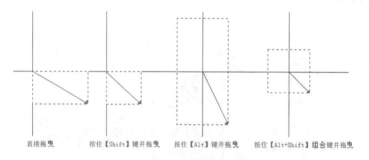

直接拖曳　　　按住【Shift】键并拖曳　　　按住【Alt】键并拖曳　　　按住【Alt+Shift】组合键并拖曳

图 2-5　矩形选区的绘制

矩形选框工具还可以进行属性的设置，如图 2-6 所示。

图 2-6　"矩形选框工具"属性栏

编 号	名 称	说 明
①	选区创建方式按钮	按下"新选区"按钮后创建选区,将创建独立的新选区;按下"添加到选区"按钮后创建选区,将在已有的选区上添加新的选区;按下"从选区中减去"按钮后创建选区,将从已有的选区减去相应选区;按下"与选区交叉"按钮后创建选区,将只选中所选择区域与已有选区重叠的部分
②	"羽化"选项	可设置所创建选区的羽化参数值,设置羽化数值后创建选区,将创建羽化的选区,若已经创建了选区再设置该选项,则不能羽化选区
③	"样式"选项	包括"正常""固定比例"和"固定大小"三个选项。选择"正常"选项后可创建随意的选区;选择"固定比例"选项后,右端的"宽度"和"高度"输入框将被激活,在该选项中输入数值将以该数值比例创建选区;选择"固定大小"选项后,在右端的"宽度"和"高度"输入框中输入像素值将以该固定像素值创建选区
④	"调整边缘"按钮	单击此按钮会弹出"调整边缘"对话框,可对创建的选区进行边缘调整

通过执行"选择>取消选择"命令或按<Ctrl+D>组合键即可取消选区。

2.2.2 椭圆选框工具

在画面中要创建椭圆形和正圆形选区时,一般使用"椭圆选框工具"即可完成。选择此工具后,只需按住鼠标左键并将指针在图像上拖曳就可以绘制出椭圆选区。如果要以某点为中心绘制椭圆选区,则可以在绘制选区时按住<Alt>键,然后再按下鼠标左键并拖曳;如果要使用椭圆选框工具绘制一个正圆形选区,则可以在绘制时按住<Shift>键,然后再按下鼠标左键并拖曳;同样道理,如果要绘制一个以某点为中心点的圆形选区,则可以在绘制时按<Alt+Shift>组合键,然后再按下鼠标左键并拖曳,按"空格"键可以平移选区,如图2-7所示。

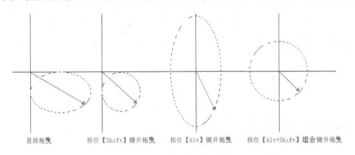

直接拖曳　　　按住【Shift】键并拖曳　　　按住【Alt】键并拖曳　　　按住【Alt+Shift】组合键并拖曳

图2-7 椭圆选区的绘制

椭圆选框工具还可以进行属性的设置,如图2-8所示。

图2-8 "椭圆选框工具"属性栏

编 号	名 称	说 明
①	选区创建方式按钮	包括"新选区"按钮、"添加到选区"按钮、"从选区减去"按钮和"与选区交叉"按钮,按下不同按钮可以以不同的方式创建选区
②	"羽化"选项	可设置所创建选区的羽化参数值,设置羽化数值后 将以该羽化值创建羽化选区

续表

编　号	名　　称	说　　明
③	"消除锯齿"复选框	勾选该复选框后创建选区，可对选区边缘的平滑度进行增强
④	"样式"选项	包括"正常"、"固定比例"和"固定大小"三个选项，用以创建不同比例的椭圆选区
⑤	"调整边缘"按钮	单击此按钮会弹出"调整边缘"对话框，可对创建的选区进行边缘调整

通过执行"选择>取消选择"命令或者按<Ctrl+D>组合键即可取消选区。

2.2.3 单行和单列选框工具

利用"单行选框工具"和"单列选框工具"创建选区，只需在画面中单击左键即可创建水平方向或垂直方向的条状选区。创建选区后，放大图像至一定程度，可看见选区呈条状矩形样式。由于使用"单行选框工具"或"单列选框工具"创建的选区范围较小，在通常情况下难以创建羽化的选区。"单行选框工具"及"单列选框工具"的属性栏，如图2-9所示。

图2-9 "单行选框工具"及"单列选框工具"属性栏

编　号	名　　称	说　　明
①	选区创建方式按钮	包括"新选区"按钮、"添加到选区"按钮、"从选区减去"按钮和"与选区交叉"按钮，按下不同按钮可以以不同的方式创建选区
②	"羽化"选项	可设置所创建选区的羽化参数值，设置羽化数值后 将以该羽化值创建羽化选区
③	"调整边缘"按钮	单击此按钮会弹出"调整边缘"对话框，可对创建的选区进行边缘调整

通过执行"选择>取消选择"命令或者按<Ctrl+D>组合键即可取消选区。

2.3 不规则选区的创建

前面介绍的选框工具只能创建规则的几何图形选区，但在实际应用中有时需要创建不规则的选区，这时就可以使用Photoshop中的"套索工具""多边形套索工具""磁性套索工具""魔棒工具"以及"快速选择工具"等来创建，如图2-10所示。

图2-10 不规则选区工具

2.3.1 套索工具

利用"套索工具"创建选区时，可创建自由的不规则选区。创建选区时，按住鼠标左键在画面中拖动即可看到所创建的选区状态，松开左键即可创建一个随意的选区。在未连接选区起始点的状态下松开鼠标左键，该终止点将直接与起始点相连形成选区。

套索工具使用过程中，如果按住<Alt>键并单击鼠标右键，则可以将其临时切换为多边形套索工具，释放<Alt>键后就可以恢复成自由套索工具。

2.3.2 多边形套索工具

"多边形套索工具"是以多边形选取图像范围的方式创建不规则的多边形选区。以这种方式创建选区可沿着一些较为规范的图形边缘轮廓绘制，从而创建合适选区。利用"多边形套索工具"创建选区时，按住<Shift>键强制以直线的方式创建相对规整的选区；按住<Delete>键则可以逐步撤销绘制的线条；而按<Esc>键则可取消全部的绘制。

2.3.3 磁性套索工具

"磁性套索工具"可以根据颜色反差自动搜寻边缘线。因此该工具比较适合选择轮廓较为清晰的图形。利用"磁性套索工具"创建选区时，通过在属性栏设置参数，可调整创建选区时的选区敏感度和选区状态，并根据图形边缘像素的反差创建相应效果的选区，如图2-11所示。

在磁性套索工具的选项栏中有3个比较重要的参数：宽度、对比度和频率，如图2-12所示。

图2-11 使用磁性套索工具

图2-12 "磁性套索工具"属性栏

编　号	名　称	说　明
①	宽度	设置磁性套索工具能够自动搜寻颜色轮廓边缘的最大范围，默认宽度为10像素，也就是说，在距离颜色轮廓边缘线10像素范围内，磁性套索工具就可以将路径自动吸附到轮廓边缘线上。通常，该参数越小则选择的范围越精确，但一般会保持默认值为10像素
②	对比	指磁性套索工具绘制的路径吸附到颜色轮廓边缘线的灵敏程度，类似于人类鼻子的嗅觉。对比度的值越大，则磁性套索工具选择的范围就越精确，一般可将该参数设置为100%
③	频率	用于决定磁性套索工具在绘制路径时的锚点数量，频率越大，则锚点的数量就越多，当然选择的范围也就越精确。一般也可以将其设置为100

2.3.4 快速选择工具

"快速选择工具"是通过指定的画笔大小涂抹来绘制选区的。选中此工具后，按住鼠标左键在图像中拖动，将根据设定的画笔大小和图形像素边缘自动创建选区，如图2-13所示。

通过改变画笔的大小，可以控制快速选择工具覆盖的范围；通过改变画笔的硬度，可以控制快速选择工具生成的选区是否带有羽化值；通过设置画笔的间距，可以控制快速选择工具涂抹的是连续选区还是不连续的选区，如图 2-14 所示。

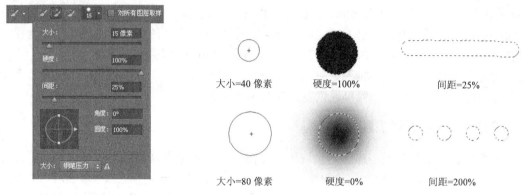

图 2-13 画笔参数设置　　　　　图 2-14 画笔参数含义

"角度"参数只有在改变了"圆度"的情况下才有效果。当圆度小于 100%时，画笔的形状就变成了椭圆形；当圆度为 100%时，画笔的形状是正圆形，如图 2-15 所示。

图 2-15 画笔的圆度和角度

2.3.5　魔棒工具

"魔棒工具"可以选择图像中的相似颜色像素从而创建选区，在选择相似像素创建选区时，可在属性栏中指定容差值以调整选区范围，如图 2-16 所示。在位图模式的图像或 32 位通道的图像中不能使用"魔棒工具"。

图 2-16 "魔棒工具"属性栏

编　号	名　称	说　明
①	容差	是控制颜色相似性大小的重要参数，该值越大，则魔棒选择的范围就越大，反之就越小
②	连续	用于控制选择范围是否连续。选择该复选框，则只选择与使用魔棒工具单击点相似的连续范围，否则，会将整幅图像中与单击点相似的颜色全部选中

2.4　选区的编辑

为了让创建的选区更加符合用户的需求，创建选区后还可以对选区进行适当的编辑，选区的编辑包括全选、取消、隐藏或显示、移动、反选、存储、载入、变换和调整等操作。

2.4.1　全选和取消选区

全选选区即将图像整体选中，执行"选择>全部"命令，或按<Ctrl+A>组合键都可全选图像。取消选区执行"选择>取消选区"命令，或按<Ctrl+D>组合键即可。

2.4.2　隐藏和显示选区

创建选区后若想隐藏选区，以方便观察图像，可以按<Ctrl+H>组合键对选区进行隐藏。当需要显示选区继续对图像进行处理时，再次按<Ctrl+H>组合键即可。

2.4.3　移动选区

若创建的选区并未与目标图像重合或未完全选中所需要的区域，最简单的方式就是移动选区，使其与目标图像精准对位。移动选区的方法有以下几种。

（1）按方向键可以每次移动 1 像素。

（2）按住<Shift>键的同时按方向键可以每次移动 10 像素。

（3）在选区工具下，将光标移动到选区中，单击鼠标左键并拖动即可移动选区。

（4）在选区工具下，将光标移动到选区中，按住<Shift>键的同时单击鼠标左键并拖动，可水平、垂直或 45°斜线方向移动选区。

（5）绘制选区的同时按住"空格"键可以边绘制选区边移动选区。

2.4.4　反选选区

反选选区是指快速选择当前选区外的其他图像区域，而当前选区将不再被选择。反选选区有 3 种方式：一是执行"选择>反向"命令；二是按<Shift+Ctrl+I>组合键；三是在创建的选区中单击鼠标右键，在弹出的快捷菜单中执行"选择反向"命令。

2.4.5　变换选区

变换选区是根据需要对选区进行缩放、旋转以及更改形状等操作，对选区进行变换时图像不会随之发生变化。变换选区的方式是执行"选择>变换选区"命令，或在选区上单击鼠标右键，在弹出的快捷菜单中执行"变换选区"命令，此时将在选区的四周出现调整控制框，可以移动控制框上节点的位置，完成调整后按下<Enter>键即可确认变换，如图 2-17 所示。

图 2-17　变换选区大小

2.4.6　调整选区

创建选区后还可以对选区的大小范围进行一定的调整和修改。执行"选择>修改"命令，在弹出的子菜单中执行相应命令即可实现对应的功能，子菜单包括"边缘""平滑""扩展""收缩"和"羽化"5种命令。

1. "边界"和"平滑"命令

"边界"命令是指在原有的选区上再套用一个选区，填充颜色时则只能填充两个选区中间的部分。在使用"边界"命令时要注意的是，通过此命令创建出的选区带有一定模糊过渡的效果。

"平滑"命令是指调节选区的平滑度，如对矩形选区执行"平滑"命令并设置一定的取样半径后，则会得到一个圆角矩形选区。

2. "扩展"和"收缩"命令

（1）"扩展"命令指按特定数量的像素扩大选区。通过"扩展"命令能精准扩展选区，让选区变得更加符合图形需求。

（2）"收缩"命令与"扩展"命令相反，即按特定数量的像素缩小选区。通过"收缩"命令可去除对一些图像边缘杂色的选择，让选区变得精确。

3. "羽化"命令

"羽化"命令可使选区边缘变得柔和，从而使选区内图像与选区外的图像自然的过渡。羽化选区有以下两种方法：一是在属性栏的"羽化"文本框中输入一定数值后再创建选区，这时创建的选区将带有羽化效果；二是创建选区后执行"选择>修改>羽化"命令或按<Shift+F6>组合键，打开"羽化选区"对话框，在其中设置羽化半径数值后单击"确定"按钮，即可完成选区的羽化操作。

2.5　选区的操作

2.5.1　选区的填充

在Photoshop中，填充指将颜色添加到选区内。填充选区主要包括单色、渐变色和图案3项。

1. 填充单色

单色填充就是指使用一种颜色填充选区，比如使用红色、黄色、绿色等。使用单色填充选区的最好办法就是填充前景色和背景色。默认状态下，工具箱中的前景色是黑色，背景色是白色，如图2-18所示。

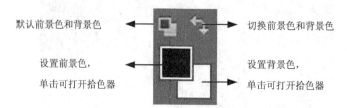

默认前景色和背景色　　　　　　切换前景色和背景色

设置前景色，　　　　　　　　　设置背景色，

单击可打开拾色器　　　　　　　单击可打开拾色器

图2-18　前景色和背景色图标

在前景色或背景色的图标上单击可以打开"拾色器"对话框，在其中可以选择填充颜色，如图2-19所示。

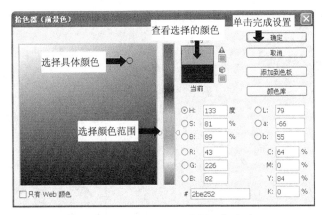

图 2-19　前景色和背景色的"拾色器"对话框

设置好前景色和背景色后，就可以将其填充到选区中了。将前景色填充到选区中可以按<Alt+Delete>组合键，将背景色填充到选区中则按<Ctrl+Delete>组合键。

2. 填充渐变色

渐变色也可以称为混合色，是指由两种或者两种以上的颜色混合而成的颜色。在Photoshop 中，使用渐变色填充是通过工具箱中的渐变工具实现的，如图 2-20 所示。

使用渐变工具可以绘制出 5 种渐变效果，分别是线性、径向、角度、对称和菱形，如图 2-21 所示。

图 2-20　渐变工具

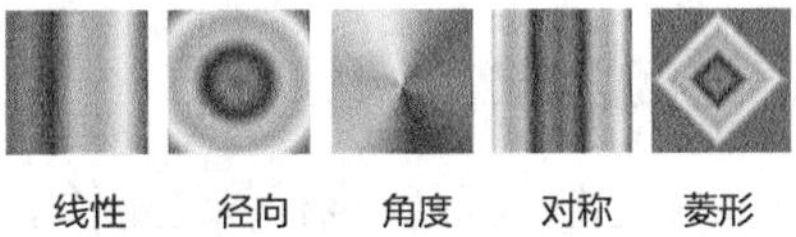

线性　径向　角度　对称　菱形

图 2-21　渐变效果

渐变工具的使用方法比较简单。首先从渐变预设中选择好一种渐变色，然后指定好渐变的效果（5 种效果），在图像或选区中按下鼠标左键并拖曳即可。拖曳鼠标时会出现一条直线，用来表示渐变的范围及方向，所以要注意拖曳的长度和方向，因为这些都会影响到渐变的最终效果。如果再绘制渐变色的同时按住<Shift>键，则可以强制渐变色的方向水平、垂直或45°斜线。

虽然 Photoshop 提供了大量的渐变色供用户使用，但是仍然不能满足设计需求，更多的时候，用户需要自己定义渐变色。

首先选择渐变工具，在选项栏中单击"点按可编辑渐变"按钮，弹出"渐变编辑器"对话框，可对渐变色进行编辑，如图 2-22 所示。在"渐变编辑器"对话框中，可以自定义渐变色，并且还可以将自定义的渐变色存储为一个独立的渐变文件。

如果要添加渐变色，则需要将鼠标放置在渐变条下方位置，当鼠标变成一个手形标志时，单击即可添加一个颜色色标，双击该色标就可以在弹出的"拾色器"对话框中定义颜色了；如果要改变色标的位置，则可以直接按下鼠标左键并拖曳；如果要复制某个色标，则可以在按住<Alt>键的同时再使用鼠标左键拖曳要复制的色标；如果要将某个色标删除，则将鼠标指针指向该色标，然后按下鼠标左键向下拖曳或者向上拖曳即可删除。使用此方法可以删除所有的色标，但是，至少要保留两个色标。

3. 填充图案

除了使用单色和渐变色填充选区外，还可以使用图案填充选区。选择执行"编辑>填充"命令或者使用工具箱中的油漆桶工具，如图 2-23 所示。

图 2-22 "渐变编辑器"对话框

图 2-23 "图案填充"对话框

Photoshop 中程序自带了预设图案，可以从预设面板中选择。另外，Photoshop 还可以自定义图案，执行"编辑>自定图案"命令。但执行该命令有个前提，就是只有矩形选区范围才可以自定义图案，其他形状的选区范围是无法执行该命令的。

2.5.2　选区的描边

Photoshop 中选区还可以执行描边命令，执行"编辑>描边"命令或者在选区中单击鼠标右键，会弹出"描边"对话框，如图 2-24 所示。默认情况下，描边的宽度是 1 像素，所用颜色是前景色。在对话框中可以设置描边宽度；单击描边颜色，在弹出的拾色器中选择描边颜色；描边的位置分为内部、居中和居外 3 种。

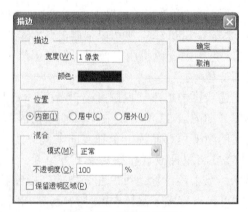

图 2-24 "描边"对话框

选区的描边是将颜色添加到选区的边缘，默认状态下，Photoshop 的描边命令只能使用单色描边，不能使用渐变色和图案。

2.6 实战案例

（1）在 Photoshop 中打开素材文件。

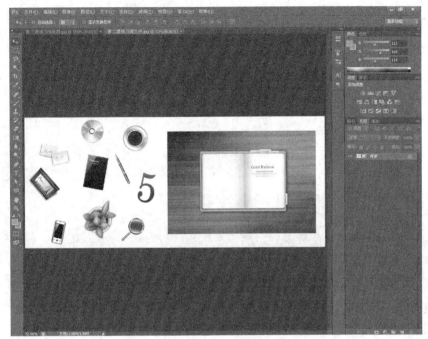

（2）选择"魔棒"工具，选中图形"5"，单击鼠标右键并选择"通过拷贝图层"命令，将"5"复制到独立的图层中。

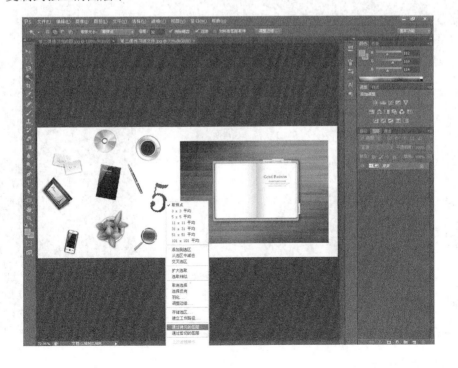

（3）将新图层命名"数字 5"，并将其移动到合适的位置。

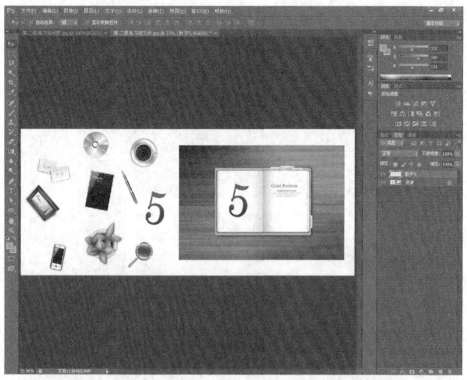

（4）选中"放大镜"工具，将光盘部分放大。选择"椭圆选区"工具，利用"空格"的移动功能选取光盘。

（5）将选区选中部分使用"通过拷贝图层"，复制出新图层，将其命名为"光盘"。复制 3 个，调整大小，摆放至合适位置。

（6）利用上述同样方法，将"咖啡"复制并移动至合适位置。

（7）画面中的"相框""便利贴""手机""笔记本"与"钢笔"都属于不规则的多边形，因此选择"多边形套作工具"，利用上述方法，将物体选择"通过拷贝图层"放置到单独的图层上，并将其移动到合适位置。

（8）选择"磁性套索工具"，将"频率"属性调整至100，选取"放大镜"。

（9）单击鼠标右键选择"通过拷贝图层"，生成新图层，命名为"放大镜"，将其移动到合适的位置。

（10）画面中的"花盆"为不规则图形，比较难选中，但是背景为纯色，因此可以使用"减选区"的方式进行选取。选择"矩形选区工具"框选花盆，选择"魔棒"工具，利用"减选区"的方式选中白色的背景，这样余下的选区即是要选择的"花盆"部分。

（11）将选中部分使用"通过拷贝图层"，生成新图层，命名为"花盆"，放置到合适位置。

（12）选择"裁剪工具"，将不需要的部分裁掉。

（13）最终效果如下图所示。

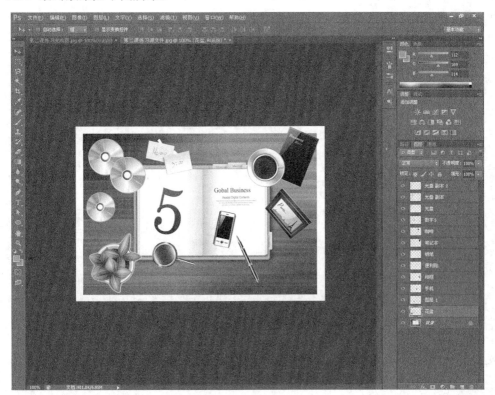

3 Chapter

第 3 章
美化

　　对图像进行美化与润饰几乎已经成为所有图像处理人员每天要做的工作。可以说每张图片都是有缺陷的，我们可以利用修饰和修补工具把这种缺陷降低。在图像美化方面没有哪一个软件的功能比 Photoshop 做得更好。

3.1 修饰图像

图像修饰工具可用于修复图像中不理想的部分,在图像处理中运用较为广泛。Photoshop CS6 提供了多种专门用于修饰问题照片的工具,它们可对一些破损或有污点的图像进行精确而全面的修复,还能够创建一些特殊效果以满足作品制作的需要。

3.1.1 裁剪工具

"裁剪工具" 可通过移去部分图像以形成突出或加强画面构图的效果。在 Photoshop CS6 中裁剪工具的性能得到了进一步加强,在选中"裁剪工具"后,在图像边框位置会生成裁剪框与参考线,通过拖动裁剪框的节点即可调整画面裁剪比例并进行裁剪。

通过"裁剪工具"属性栏可对裁剪工具的属性进行设置。

【不受约束】该选项可对裁剪的画面纵横比例进行设置,包括"不受约束""原始比例""1×1(方形)""5×7"等。

【自定义纵横比输入框】在此输入框内可自由输入合适数值,对画面的裁剪纵横比例进行设置。

【纵向与横向旋转裁剪框】使用裁剪工具时,单击该按钮,可将横向或者纵向裁剪框相互切换。

【拉直】按下此按钮,然后在画面的裁剪框内绘制直线,画面将自动以绘制的直线作为水平线将图像拉直,从而对图像角度进行调整。

【视图】通过对视图选项进行设置,可选择不同的裁剪框视图。包括"三等分""网格""对角线""三角形"等多种视图。

【删除裁切像素】勾选此复选框,在裁剪图像后,将对裁剪框之外的图像像素进行删除。

在打开的 Photoshop CS6 软件中,在"裁剪工具"工具组中新增了"透视剪裁工具",可将图像编辑出透视的效果,如图 3-1 所示。同时裁剪工具的裁剪区域将固定不动,用户要做的只是移动图像,并可以直接对图片进行旋转和水平校准,预览效果更准确。

原图　　　　　　　　　使用透视剪裁工具　　　　　　　　剪裁后的效果

图 3-1　使用透视剪裁工具前后对比图

3.1.2 切片工具

"切片工具" 该工具常用于网页制作中,通过切片工具可将一个完整的网页页面切割许多小片,以便上传。切片按照其内容类型(表格、图像、无图像)以及创建方式(用户、基于图层、自动）可分为很多种。使用"切片工具"创建的切片称作用户切片，通过图层创建的切片称作基于图层的切片。

通过"切片工具"属性栏可对切片工具的属性进行设置。

【样式】此选项用以选择切片的不同样式，包括"正常""固定长宽比""固定大小"3个选项。

【切片宽度和高度】在选择"固定长宽比"或"固定大小"的切片样式选项后，可在此处对切片的宽度与高度进行设置。

【基于参考线的切片】在有参考线的情况下，按下"基于参考线切片"按钮后，切片均基于参考线进行创建。

3.1.3　模糊工具

"模糊工具" 用于柔化图像中的边缘或减少图像中的细节像素。使用该工具在图像中涂抹的次数越多，则图像越模糊。模糊的效果如图 3-2 所示。在涂抹图像之前可通过指定混合模式调整色调。

图 3-2　模糊前后对比图

通过"模糊工具"属性栏可对模糊工具的属性进行设置。

【画笔预设】在此选取器中可选择不同的笔刷并设置画笔的笔尖大小和硬度等属性。

【切换画笔面板】单击此按钮可弹出"画笔"面板，在该面板中可设置画笔的笔尖形状等属性。

【模式】此选项用于指定模糊区域的颜色混合模式，调整所模糊区域的色调效果。

【强度】调整在模糊图像的过程中模糊一次的强度。

【对所有图层取样】勾选该复选框后，将对图像中所有可见图层的图像像素进行调整。取消勾选该复选框后，仅对当前所选图层图像进行调整。

【绘图板压力控制大小】单击此按钮，可通过压感笔的压力控制笔触大小，其效果会覆盖"画笔"面板中的设置。

3.1.4　锐化工具

"锐化工具" 用于锐化图像中的边缘或细节以增强对比度。使用此工具在图像中涂抹的次数越多，则涂抹区域的图像细节对比越强。锐化的效果如图 3-3 所示。在涂抹图像之前可通过指定混合模式调整所锐化区域的色调。

通过"锐化工具"属性栏可对锐化工具的属性进行设置。

【画笔预设】在此选取器中可选择不同的笔刷并设置画笔的笔尖大小和硬度等属性。

【切换画笔面板】单击此按钮可弹出"画笔"面板，在该面板中可设置画笔的笔尖形状等属性。

【模式】此选项用于指定锐化颜色的混合模式，将锐化后的图像颜色以指定模式混合到原图像中。

【强度】调整在锐化图像的过程中锐化一次的强度。

【对所有图层取样】勾选该复选框后，将对图像中所有可见图层的图像像素进行调整。取消勾选该复选框后，仅对当前所选图层图像进行调整。

【保护细节】勾选该复选框可在锐化图像时将因图像像素化而引起的图像不自然感最小化。取消勾选此复选框，可在锐化图像的同时夸张图像边缘的锐化效果。

【绘图板压力控制大小】单击此按钮，可通过压感笔的压力控制笔触大小，其效果会覆盖"画笔"面板中的设置。

图 3-3　锐化前后对比图

3.1.5　涂抹工具

"涂抹工具" 用于涂抹图像中的颜色以产生变形效果，是通过拾取起始点颜色并向拖动方向展开颜色的方法对图像细节进行处理的工具。涂抹的效果如图 3-4 所示。

图 3-4　涂抹前后对比图

通过"涂抹工具"属性栏可对涂抹工具的属性进行设置。

【画笔预设】在此选取器中可选择不同的笔刷并设置画笔的笔尖大小和硬度等属性。

【切换画笔面板】单击此按钮可弹出"画笔"面板，在该面板中可设置画笔的笔尖形状等属性。

【模式】可指定涂抹颜色的模式，将涂抹变形后的图像颜色以指定模式混合到原图像中。

【强度】调整在涂抹图像的过程中涂抹一次的强度。

【手指绘画】勾选该复选框后，将使用图像中每个描边起点处的前景色涂抹图像。取消勾选此复选框后，则以每个描边起始点光标所指的颜色涂抹图像。

【绘图板压力控制大小】单击此按钮，可通过压感笔的压力控制笔触大小，其效果会覆盖"画笔"面板中的设置。

3.1.6 减淡工具

"减淡工具" 🔍用于减淡图像中指定色调区域的颜色以使其变亮。使用该工具在指定色调范围内涂抹的次数越多，则该区域的色调就会变得越亮。减淡的效果如图 3-5 所示。

图 3-5 减淡前后对比图

通过"减淡工具"属性栏可对减淡工具的属性进行设置。

【画笔预设】在此选取器中可选择不同的笔刷并设置画笔的笔尖大小和硬度等属性。

【切换画笔面板】单击此按钮可弹出"画笔"面板，在该面板中可设置画笔的笔尖形状等属性。

【范围】包括"阴影""中间调""高光"选项，可对图像进行不同的减淡处理。

【曝光度】调整在减淡图像的过程中减淡一次的程度。

【启用喷枪模式】单击此按钮根据画笔的硬度、不透明度和流量设置应用喷枪模式，将光标移动至画面上，按住鼠标左键可增加颜色的应用量。

【保护色调】勾选"保护色调"复选框后减淡图像，可防止出现色相偏移现象，使阴影和高光区域中颜色的修剪最小化。

【绘图板压力控制大小】单击此按钮，可通过压感笔的压力控制笔触大小，其效果会覆盖"画笔"面板中的设置。

3.1.7 加深工具

"加深工具" 🖐用于加深图像中指定区域的颜色使其变暗。使用该工具在指定色调范围内涂抹的次数越多，则该区域的色调就会变得越暗。加深的效果如图 3-6 所示。

通过"加深工具"属性栏可对加深工具的属性进行设置。

【画笔预设】在此选取器中可选择不同的笔刷并设置画笔的笔尖大小和硬度等属性。

【切换画笔面板】单击此按钮可弹出"画笔"面板，在该面板中可设置画笔的笔尖形状等属性。

【范围】包括"阴影""中间调""高光"选项，可对图像进行不同的加深处理。

【曝光度】调整在加深图像的过程中加深一次的程度。

【启用喷枪模式】单击此按钮根据画笔的硬度、不透明度和流量设置应用喷枪模式，将光标移动至画面上，按住鼠标左键可增加颜色的应用量。

【保护色调】勾选"保护色调"复选框后减淡图像，可防止出现色相偏移现象，使阴影和高光区域中颜色的修剪最小化。

【绘图板压力控制大小】单击此按钮，可通过压感笔的压力控制笔触大小，其效果会覆盖"画笔"面板中的设置。

图 3-6　加深前后对比图

3.1.8　海绵工具

"海绵工具" 用于吸取或释放颜色，可通过设置指定的应用模式——"降低饱和度"或"饱和"模式以增强或降低相应图像区域的颜色饱和度。使用海绵工具的效果如图 3-7 所示。

图 3-7　使用海绵工具前后对比图

通过"海绵工具"属性栏可对海绵工具的属性进行设置。

【画笔预设】在此选取器中可选择不同的笔刷并设置画笔的笔尖大小和硬度等属性。

【切换画笔面板】单击此按钮可弹出"画笔"面板，在该面板中可设置画笔的笔尖形状等属性。

【模式】包括"降低饱和度"和"饱和"选项，可对指定区域的色调以不同的色调处理方式进行调整。

【流量】此选项可用于设置画笔在画面中涂抹时应用的颜色量。

【启用喷枪模式】单击此按钮根据画笔的硬度、不透明度和流量设置应用喷枪模式，将光标移动至画面上，按住鼠标左键可增加颜色的应用量。

【自然饱和度】勾选此复选框后调整图像颜色饱和度时，可使对完全饱和颜色与不饱和颜色的修剪最小化。

【绘图板压力控制大小】单击此按钮，可通过压感笔的压力控制笔触大小，其效果会覆盖"画笔"面板中的设置。

3.2 修补图像

利用工具修补图像主要是为了修复图像中不理想的图像瑕疵，或复制图像中指定部位至其他区域以达到修饰图像的效果，如图 3-8 所示。主要的修补图像工具包括"污点修复画笔工具""修复画笔工具""修补工具""混合工具""红眼工具""仿制图章工具"以及"图案图章工具"，下面对这些工具进行详细讲解。

3.2.1 污点修复画笔工具

"污点修复画笔工具" ☑ 是 Photoshop 的一个重要的修补工具，使用它可以快速移除画面中的污点和其他不理想的部分。"污点修复画笔工具"可自动从所修饰区域的周围进行取样，使用取样图像或图案中的样本像素进行修复，并将样本像素的纹理、光照、透明度和阴影与所修复的像素相匹配。

在使用该工具之前，不需要对图像进行取样，直接在需要修复的位置上单击鼠标左键并拖曳，即可完成修复。

通过"污点修复画笔工具"属性栏可对污点修复画笔工具的属性进行设置。

【画笔预设】在此选取器中可选择不同的笔刷并设置画笔的笔尖大小和硬度等属性。

【模式】可设置修复图像时所修复区域被修复后的颜色与原始图像颜色的混合效果。

【类型】选择"近似匹配"，将使用选区边缘相似的像素并修复所选区域。在创建选区后选择"创建纹理"，将使用选区中的像素创建纹理。选择"内容识别"，将比较周围的样本像素，查找并应用最为适合的样本，在保留图像边缘部分细节的同时使所选区域的修复效果更自然。

【对所有图层取样】勾选此复选框，可对所有可见图层中的图像像素进行取样。

【绘图板压力控制大小】单击此按钮，可通过压感笔的压力控制笔触大小，其效果会覆盖"画笔"面板中的设置。

图 3-8　使用污点修复画笔工具前后对比图

3.2.2　修复画笔工具

"修复画笔工具" ![icon]可用于校正瑕疵,使其融合在周围的图像中。使用"修复画笔工具"可以利用图像或图案中的样本像素来绘画。"修复画笔工具"的工作原理是通过匹配样本图像和原图像的形状、光照和纹理,使样本像素和周围像素相融合,从而达到无缝、自然的修复效果,如图3-9所示。

图 3-9　使用修复画笔工具前后对比图

在使用该工具之前,不需要对图像进行取样,直接在需要修复的位置上单击鼠标左键并拖曳,即可完成修复。

通过"修复画笔工具"属性栏可对修复画笔工具的属性进行设置。

【画笔预设】在此选取器中可选择不同的笔刷并设置画笔的笔尖大小和硬度等属性。

【切换画笔面板】单击此按钮可弹出"画笔"面板,在该面板中可设置画笔的笔尖形状等属性。

【模式】此选项用于指定修复区域的颜色混合模式,调整所修复区域的色调效果。

【源】指定用于修复图像的源像素。选择"取样"则以当前取样的像素修复图像。若选择"图案",右侧的"图案"拾色器将被激活,在此选项中选择的图案像素将用于修复图像。

【对齐】勾选此复选框后,将连续对图像进行取样并修复图像。取消勾选该选项后,则在每次停止并重新修复图像时以初始取样点为样本像素。

【样本】从指定的图层中取样样本像素,包括"当前图层""当前和下方图层"和"所有图层"3 个选项。

【打开以在修复时忽略调整图层】选择"当前和下方图层"或"所有图层"样本后,该按钮将被激活,单击该按钮可在修复时忽略样本图层中的调整图层。

【绘图板压力控制大小】单击此按钮,可通过压感笔的压力控制笔触大小,其效果会覆盖"画笔"面板中的设置。

3.2.3　修补工具

"修补工具" ![icon]可以在修复图像时指定修复的源或目标区域范围。和"修复画笔工具"一样,"修补工具"会将样本像素的纹理、光照和阴影与所修复像素进行匹配,还可以使用"修补工具"来仿制图像的隔离区域。"修补工具"可处理 8 位/通道或 16 位/通道的图像,效果如图 3-10 所示。

图 3-10　使用修补工具前后对比图

通过"修补工具"属性栏可对修补工具的属性进行设置。

【选区创建方式】按下"新选区"按钮后创建选区，将创建独立的新选区；按下"添加到选区"按钮后创建选区，将在已有的选区上添加新的选区；按下"从选区中减去"按钮后创建选区，将从已有的选区上减去相应选区；按下"与选区交叉"按钮后创建选区，将只选中所选择区域与已有选区重叠的部分。

【修补】在此选项中，可对图像修补模式进行设置，包括"标准"和"内容识别"两个选项。选择"标准"后，通过对右侧的"源"和"目标"进行选择，可指定样本像素；选择"内容识别"后，通过右侧的"自适应"选项进行设置，可设置画面的修补程度。

【透明】此复选框适用于修复具有清晰边缘的纯色或渐变背景。

【使用图案】创建选区后，该按钮右侧的"图案"拾色器将被激活，选择指定的图案像素后单击"使用图案"按钮，则将以该图案像素样本覆盖选区内像素，并进行匹配处理。

3.2.4　内容感知移动工具

"内容感知移动工具" 是"污点修复画笔工具"工具组中的新增工具，该工具可根据画面中周围的环境、光源，对粘贴或移除的部分进行修整，如图 3-11 所示。"内容感知移动工具"的功能选项中包括"移动"和"扩展"选项，"移动"即产生剪切和粘贴的效果，"扩展"则产生复制和粘贴的效果。

通过"内容感知移动工具"属性栏可对内容感知移动工具的属性进行设置。

【选区创建方式】按下"新选区"按钮后创建选区，将创建独立的新选区；按下"添加到选区"按钮后创建选区，将在已有的选区上添加新的选区；按下"从选区中减去"按钮后创建选区，将从已有的选区上减去相应选区；按下"与选区交叉"按钮后创建选区，将只选中所选择区域与已有选区重叠的部分。

【模式】包含了"移动"和"扩展"两种选项，"移动"模式可将选区内容从一处移动到另一处，并将原选区与周围环境融合；"扩展"模式可将选区内容复制到另一处，两种模式都会将物体边缘与周围环境融合。

【适应】包含了"非常严格""严格""中""松散"和"非常松散"5 个选项，其效果与不同范围的羽化效果差不多，可使物体边缘与周围环境以不同程度相融合。

【对所有图层取样】勾选"对所有图层取样"复选框，将对所有图层进行取样分析，使融合效果更加自然。

原图　　　　　　　使用内容感知工具移动效果　　　　　使用内容感知工具扩展效果

图 3-11　使用内容感知工具前后对比图

3.2.5　红眼工具

"红眼工具" ▣主要用于解决照片中人物或动物红眼的问题，以恢复眼睛的自然颜色效果，如图 3-12 所示。无论是胶卷相机还是数码相机，对人物进行拍摄时，经常会出现红眼现象，这是因为在光线较暗的环境中拍摄时，闪光灯会使人眼的瞳孔瞬间放大，视网膜上的血管被反射到底片上，从而产生红眼现象。

图 3-12　使用红眼工具前后对比图

红眼工具使用起来非常简单，只需要在眼睛上单击鼠标，即可修正红眼。通过"红眼工具"属性栏可对红眼工具的属性进行设置。

【瞳孔大小】此选项用于增大或减小"红眼工具"的应用区域。

【变暗量】此选项用于设置移去红眼时的变暗程度。

3.2.6　仿制图章工具

"仿制图章工具" ▣用于将图像的一部分复制到另一图像、另一图层或同一图层的另一位置。"仿制图章工具"对于复制对象或移去图像中的缺陷很有用。效果如图 3-13 所示。

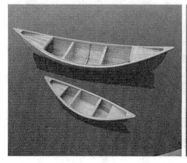

图 3-13　使用仿制图章工具前后对比图

通过"仿制图章工具"属性栏可对仿制图章工具的属性进行设置。

【画笔预设】在此选取器中可选择不同的笔刷并设置画笔的笔尖大小和硬度等属性。

【切换画笔面板】单击此按钮可弹出"画笔"面板，在该面板中可设置画笔的笔尖形状等属性。

【切换仿制源面板】单击"切换仿制源面板"按钮，可调出"仿制源"面板，在该面板中可创建多个不同的仿制源样本并作调整，以便在需要时选择指定的样本并应用。

【模式】此选项可设置仿制的图像与原图像的颜色混合效果，以调整仿制图像后的色调效果。

【不透明度】此选项用于设置擦除时笔刷的不透明度。

【绘图板压力控制不透明度】单击"绘图板压力控制不透明度"按钮，可通过压感笔的压力控制不透明度，其效果会覆盖"画笔"面板中的不透明度设置。

【流量】此选项可用于设置笔刷在画面中擦除内容时的擦除量。

【启用喷枪模式】单击此按钮将根据笔刷的硬度、不透明度和流量设置应用喷枪模式，将笔刷光标移动至画面上，按住鼠标左键可增加擦除量。

【对齐】勾选此复选框后，将连续对图像进行取样并仿制图像；取消勾选该选项后，则在每次停止并重新绘制时以初始取样点为样本像素。

【样本】从指定的图层中取样样本像素，包括"当前图层""当前和下方图层"和"所有图层"3个选项。

【打开以在仿制时忽略调整图层】选择"当前和下方图层"或"所有图层"样本后，该按钮将被激活，单击该按钮可在仿制时忽略样本图层中的调整图层。

【绘图板压力控制大小】单击此按钮，可通过压感笔的压力控制笔触大小，其效果会覆盖"画笔"面板中的设置。

使用仿制图章工具时，画笔的选择至关重要。因为它没有这些混合功能，所以必须决定是要让应用的修饰淡入到图像内，还是要让它有一个清晰的边缘。

3.2.7 图案图章工具

"图案图章工具" 可使用图案进行绘画。利用此工具绘制图像时无需对指定图像进行取样，可直接通过选择的图案进行绘制。图案图章工具可作为艺术克隆工具，将图像作为绘画画笔处理。效果如图3-14所示。

图3-14　使用图案图章工具前后对比图

通过"图案图章工具"属性栏可对图案图章工具的属性进行设置。

【画笔预设】在此选取器中可选择不同的笔刷并设置画笔的笔尖大小和硬度等属性。

【切换画笔面板】单击此按钮可弹出"画笔"面板，在该面板中可设置画笔的笔尖形状等属性。

【模式】此选项可设置仿制的图像与原图像的颜色混合效果，以调整仿制图像后的色调效果。

【不透明度】此选项用于设置擦除时笔刷的不透明度。

【绘图板压力控制不透明度】单击"绘图板压力控制不透明度"按钮，可通过压感笔的压力控制不透明度，其效果会覆盖"画笔"面板中的不透明度设置。

【流量】此选项可用于设置笔刷在画面中擦除内容时的擦除量。

【启用喷枪模式】单击此按钮将根据笔刷的硬度、不透明度和流量设置应用喷枪模式，将笔刷光标移动至画面上，按住鼠标左键可增加擦除量。

【图案】单击该区域可弹出"图案"拾色器，在该拾色器中可选择指定的图案并将其应用到图章中。

【对齐】勾选此复选框后，将保持图案原始起点的状态进行绘制，在停止并重新开始绘制图案时，仍然保持图案的起始点位置；取消勾选此复选框后，每次停止并重新绘制图案时，将以新的起始点绘制新的图案。

【印象派效果】勾选"印象派效果"复选框后绘制图像，可将图案转换为印象画风格的效果。

【绘图板压力控制大小】单击此按钮，可通过压感笔的压力控制笔触大小，其效果会覆盖"画笔"面板中的设置。

3.3　实战案例

快速打造去斑美肤

（1）打开"快速打造去斑美肤.jpg"文件，按<Ctrl+J>组合键复制"背景"图层生成"图层 1"。

（2）选中"修补工具"在人脸左侧脸颊处建立选区，按住鼠标左键拖动选区至额头

位置。

（3）松开鼠标左键，软件自动将额头处较为光滑的皮肤覆盖到脸颊处雀斑较多的皮肤上，调整后的效果如下图所示。

（4）重复之前的操作，继续在周围雀斑皮肤位置建立选区，并移动至干净皮肤处，对脸颊其他部位执行相同操作，调整后的效果如下图所示。

（5）选中"污点修复画笔工具"在人物脸颊小雀斑处单击，对雀斑进行清除。

（6）选中"修复画笔工具"，按住<Alt>键在干净皮肤处单击取样，然后松开<Alt>键在残余瑕疵处涂抹，使皮肤呈现光洁效果。

Photoshop

CS6

4 Chapter

第 4 章
润色

　　在一张图像中，色彩不仅用于表现真实记录下的物体，还能够带给我们不同的心理感受，创造性地使用色彩，可以营造各种独特的氛围和意境，使图像更具表现力。Photoshop 提供了大量色彩和色调调整工具，可用于处理图像和数码照片。

4.1 色彩的三要素

生活中的丰富色彩是在各种复杂的情况下产生的。在理论上，人类用眼睛和科学观测方法，能够看到和辨别清楚的色彩超过 750 万种。人们对物体的观察不仅限于色彩，还会注意到形状、面积、体积、材质和纹理，以及该物体的功能和所处的环境，这些也会对观察效果产生影响。为了寻找规律性，人们抽出纯粹色觉的要素，认为构成色彩的基本要素是色相、明度和纯度，这就是色彩的三个属性。

4.1.1 色相

色相（Hue）指的是色彩的相貌特征。将视觉所能感受到的红、橙、黄、绿、蓝、紫这些不同特征的色彩，定出名称、相互区别，这就是色相的概念。如果明度是色彩隐秘的骨骼，色相就是色彩外表的华美肌肤。色相体现着色彩外向的性格，是色彩的灵魂。

在可见光谱中，红、橙、黄、绿、蓝、紫这些色相散发着色彩的原始光辉，构成了色彩体系中的基本色相，图 4-1 所示为 24 色相环。

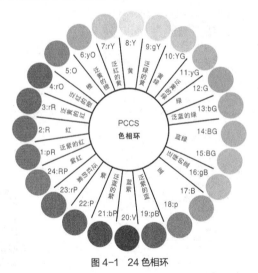

图 4-1　24 色相环

4.1.2 明度

同一种色彩，光线强时感觉比较亮，光线弱时感觉比较暗。所谓的明度(Value)就是色彩的强度，明度高是指色彩较亮，明度低就是色彩较暗。在无彩色系中，明度最高的颜色为白色，明度最低的颜色为黑色，中间存在一个从亮到暗的灰色系列。在有彩色系中，任何一种纯度色都有自己的明度特征。例如，黄色为明度最高的色，处于光谱的中心位置，紫色为明度最低的色，处于光谱的边缘。一个彩色物体表面的光反射率越大，对视觉刺激的程度越大，看上去就越亮，这一颜色的明度就越高。

明度在三要素中具有较强的独立性，它可以不依靠任何色相的特征而通过黑白灰的关系单独呈现出来，色相与纯度则必须依赖一定的明暗才能显现。色彩一旦产生，明暗关系就会同时出现。

4.1.3　纯度

纯度（Chroma）指的是色彩的鲜艳程度，也叫饱和度或彩度。我们的视觉能辨认出的有色相感的颜色，都具有一定程度的鲜艳度。比如绿色，当它混入了白色时，虽然仍旧具有绿色色相的特征，但它的鲜艳度降低了，明度提高了，成为淡绿色；当它混入黑色时，鲜艳度降低了，明度也降低了，成为暗绿色；当混入与绿色明度相似的中性灰时，它的明度没有改变，纯度降低了，成为灰绿色。

纯度体现了色彩内在的品格。同一个色相，如果纯度发生了哪怕是细微的变化，也会立即带来色彩性格的变化。大家最容易误会的是黑、白、灰，它们属于无彩度的颜色，只有明度的变化。

4.2　调整命令的分类

Photoshop 的"图像"菜单中包含用于调整图像色调和颜色的各种命令，这其中，一部分常用的命令也通过"调整"面板提供给了用户，如图 4-2 和图 4-3 所示。

图 4-2　"图像"菜单

图 4-3　"调整"面板

这些命令主要分为以下几种类型。

【调整颜色和色调命令】"色阶"和"曲线"命令可以调整颜色和色调，它们是最重要、最强大的调整命令；"色相/饱和度"和"自然饱和度"命令用于调整色彩；"阴影/高光"和"曝光度"命令只能调整色调。

【匹配、替换和混合颜色的命令】"匹配颜色""替换颜色""通道混合器"和"可选颜色"命令可以匹配多个图像之间的颜色，替换指定的颜色或者对颜色通道做出调整。

【快速调整命令】"自动调整"、"自动对比度"和"自动颜色"命令能够自动调整图片的颜色和色调，可以进行简单的调整，适合初学者使用；"照片滤镜""色彩平衡"和"变化"是用于调整色彩的命令，使用方法简单且直观；"亮度/对比度"和"色调均化"命令用于调整色调。

【应用特殊颜色调整的命令】"反相""阈值""色调分离"和"渐变映射"是特殊的颜色调整命令，它们可以将图片转换为负片效果、简化为黑白图像、分离色彩或者用渐变颜色转换图片中原有的颜色。

4.3　简单调整

在 PhotoshopCS6 中可通过自动调整"色阶""曲线""色彩平衡""亮度/对比度"和"色相/饱和度"等命令对图像进行简单的色彩调整。

4.3.1　自动调整命令

PhotoshopCS6 中的自动调整命令包括"自动色调""自动对比度""自动颜色"三种，如图 4-4 所示。这些命令有一个相同点是都没有设置对话框，即直接进行调整。执行"图像"命令，即可在菜单中看到这三种自动调整命令。

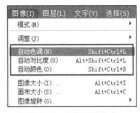

图 4-4　自动调整命令

【自动色调】可通过快速计算图像的色阶属性，剪切图像中各通道的阴影和高光区域。利用该命令可校正图像中的黑场和白场，从而增强图像的色调亮度和对比度，使图像色调更加准确。

【自动对比度】可自动调整图像的对比度，它不会单独调整通道，因此不会引入或消除色痕，而是在剪切图像中的阴影和高光值后将图像剩余部分的最亮和最暗像素映射到纯白和纯黑，使高光更亮、阴影更暗。

【自动颜色】将移去图像中的色相偏移现象，恢复图像平衡的色调效果。应用该命令自动调整图像色调，是通过自动搜索图像以标识阴影、中间调和高光来调整图像的颜色和对比度。在默认情况下，"自动颜色"命令是以 RGB128 灰色为目标颜色来中和中间调，并同时剪切 0.5% 的阴影和高光像素。

这 3 种命令的效果如图 4-5 所示。

原图　　　　自动色调　　　　自动对比度　　　　自动颜色

图 4-5　各自动调整命令对比

4.3.2　"亮度/对比度"命令

执行"图像">"调整">"亮度/对比度"命令调整图像，可对图像的色调范围做简单的调整，如图 4-6 所示。该命令可以一次性地调整图像中所有的像素：高光、暗调和中间调。另外，它对单个通道不起作用，所以该调整方法不适用于高精度的调节。

【亮度】向左拖动滑块或输入负值，将减少色调值并扩展阴影。向右拖动滑块或输入正值，将增加色调值并扩展高光。亮度值范围是 -150～+150。亮度值越大，图像就越亮；而亮度值越小，图像越暗。

【对比度】设置该选项的数值为正值或负值，将
分别增强或减弱图像的对比度。对比度值范围是
-50～+100。

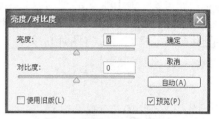

图4-6　"亮度/对比度"对话框

【使用旧版】勾选该复选框后，使用旧版本"亮度
/对比度"命令调整图像的色调。此时只会简单地增加
或减少图像中的所有像素值，容易造成图像中阴影区域或高光区域的颜色修剪以及图像细节
的丢失，然而对蒙版的编辑较有效。

亮度/对比度的值为负值时，图像亮度和对比度下降；为正值时，图像亮度和对比度增
加；当值为 0 时，图像无变化。选中"预览"复选框，可以预览图像的调整效果。如图 4-7
所示。

原图　　　　　　　　　　调整后的效果

图4-7 调整亮度/对比度后效果对比

4.3.3 "色阶"命令

执行"图像>调整>色阶"命令可调整图像的阴影、中间调和高光区域的强度，以校正图
像的色彩范围和色彩平衡。执行该命令后会弹出"色阶"对话框，在色阶直方图中可看到图
像的基本色调信息，如图 4-8 所示。在对话框中可调整图像的黑场、灰场和白场，从而调整图
像的色调层次和色相偏移效果。也可按 Ctrl+L>组合键，弹出"色阶"对话框。

图4-8 "色阶"对话框

【预设】通过选择预设的色阶样式，可以快速应用色阶调整效果。

【通道】包括当前图像文件颜色模式中的各种通道。例如 RGB 颜色模式下该图像的通道
为"RGB"通道、"红"通道、"绿"通道和"蓝"通道。

【图像色阶图】色阶图根据图像中每个亮度值（0~255）处的像素点的多少进行区分。右面

的白色三角滑块控制图像的高光部分，左面的黑色三角滑块控制图像的暗调部分，中间的灰色三角滑块则控制图像的中间调部分。拖移三角滑块可以使被选通道中最暗和最亮的像素分别转变为黑色和白色，以调整图像的色调范围，因此可以利用它调整图像的对比度。中间的灰色三角滑块，向右拖移可以使图像整体变暗，向左拖移可以使图像整体变亮。调整后的效果如图 4-9 所示。

原图　　　　　　调整阴影区域　　　　调整高光区域

图 4-9　调整色阶效果对比

【输入色阶】当移动色阶图的滑块时，"输入色阶"列表框的 3 个数值框进行各自不同的变化，可在输入框中输入数值控制，也可以利用色阶图的三角滑块进行调整。

【输出色阶】应用"输出色阶"选项可以使图像中较暗的像素变亮，使较亮的像素变暗。

【自动】单击"自动"按钮可自动调整图像的色调对比效果。

【选项】单击"选项"按钮，弹出"自动颜色校正选项"对话框，该对话框中可以对图像整体色调范围的应用选项进行设置。

【取样按钮】在"色阶"对话框中有黑、灰、白 3 个吸管，单击其中一个吸管后，将光标移动到图像窗口内，光标变成吸管状，单击鼠标即可完成色调调整。

- 黑色吸管：用该吸管在图像中单击，将定义单击处的像素为黑点，并重新分布图像的像素值，从而使图像变暗，此操作类似于在输入色阶中向右侧拖动黑色滑块。
- 灰色吸管：数码相机拍摄照片时很容易发生偏色，此吸管通过定义中性色阶来调整偏色。
- 白色吸管：使用该吸管在图像中单击，将定义此处的像素为白点，并重新分布图像的像素值，从而使图像变亮，此操作类似于在输入色阶中向左侧拖动白色滑块。

4.3.4　"曲线"命令

执行"图像>调整>曲线"命令可调整图像的阴影、中间调和高光的强度级别，以校正图像的色调范围和色彩平衡。执行该命令后会弹出"曲线"对话框，在其中可对各项参数进行设置。不满意调整设置时可以按下<Alt>键，此时"取消"按钮会变为"复位"按钮，单击"复位"按钮可还原到初始状态。也可按<Ctrl+M>组合键，弹出"曲线"对话框，如图 4-10 所示。

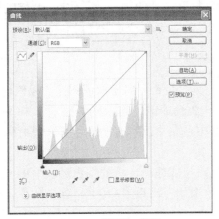

图 4-10　"曲线"对话框

"曲线"命令与"色阶"命令类似，它也可以用于调整图像的整个色调范围，不同的是应用"曲线"命令可对图像中整个色调范围内从阴影到高光的点进行调整。应用取样按钮可设置图像的黑白灰场，也可对相应颜色模式下各单独的颜色通道进行颜色调整，如图 4-11 所示。

原图　　　　　　　　　　调整后的效果

图 4-11　调整曲线效果对比

【通道】包括当前图像文件颜色模式中的各种通道，可分别对指定通道的曲线进行调整以更改其颜色效果。

【曲线创建类型按钮】单击"编辑点以修改曲线"按钮～，将通过移动曲线的方式调整图像色调；单击"通过绘制来修改曲线"按钮可在直方图中以铅笔绘图的方式调整图像色调。

【平滑】单击"编辑点以修改曲线"按钮后，"平滑"按钮将被激活。使用铅笔在直方图上绘制曲线后，单击该按钮可使曲线更加平滑。

【输出调整区】移动曲线节点可调整图像色调，右上角节点代表高光区域，左下角节点代表阴影区域，中间的节点则代表中间调区域。将上方节点向右或向下移动，会以较大的"输入"值映射到较小的"输出"值，且图像也会随之变暗；将下方节点向左或向上移动，则将较小的"输入"值映射到较大的"输出值"，且图像也随之变亮。

【曲线显示选项】单击扩展箭头按钮，可打开扩展选项组，以设置曲线的显示效果。其中"显示数量"定义曲线为显示光量（加色）或显示颜料量（减色）。按住<Alt>键的同时单击曲线的网格，可以在简单和详细网格之间切换。

要在网格中选择节点，用鼠标单击节点即可。按住<Shift>键并单击曲线上的控制点，可以同时选择多个控制点。选中控制点后，使用键盘上的方向键可移动节点位置。若要删除控制点，拖曳该控制点至调节网格区域外即可，或按住<Ctrl>键的同时单击该控制点。此外，还可以先选择控制节点后，按<Delete>键来删除节点。

4.3.5　"色彩平衡"命令

执行"图像>调整>色彩平衡"命令可用于校正图像的偏色现象，通过更改图像的整体颜色来调整图像色调。应用该调整命令时，可分别调整图像中各颜色区域，以达到丰富的色调效果。"色彩平衡"对话框中包括"色彩平衡"和"色调平衡"两个选项区域，如图 4-12 所示。

【色彩平衡】通过输入色阶值或拖动下方的颜色滑块，可调整图像的色调。每一个色阶值文本框对应一个相应的颜色滑块，可设置-100～+100 的值，将滑块拖向某一颜色则增加该颜色值。

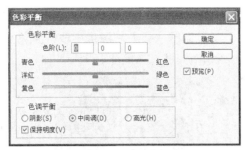

图 4-12 "色彩平衡"对话框

【色调平衡】包括"阴影""中间调"和"高光"选项，选择相应的选项即对该选项中的颜色做着重调整。勾选"保持明度"复选框后调整图像，可防止图像的亮度值随颜色的更改而变化，以保持图像的色彩平衡。如图 4-13 所示。

原图   调整后效果
图 4-13   调整色彩平衡效果对比

4.3.6 "色相/饱和度"命令

执行"图像>调整>色相/饱和度"命令可调整图像的整体颜色范围或特定颜色范围的色相、饱和度和亮度。在其中可更改相应颜色的色相、饱和度和亮度参数值，从而对图像的色相倾向、颜色饱和度和明暗度进行调整，以达到具有针对性的色调调整效果。还可通过对指定的图像区域应用着色效果以创建单色调图像，从而丰富图像的色调调整应用。也可按<Ctrl+U>组合键，弹出"色相/饱和度"对话框，如图 4-14 所示。

图 4-14   "色相/饱和度"对话框

【预设】通过选择预设的色阶样式，可以快速应用色阶调整效果。

【颜色选取选项】可指定图像的颜色范围，对指定颜色进行调整。包括"全图""红色""黄色""绿色""青色""蓝色""洋红"选项。

【参数调整区】"色相"调整用于调整指定颜色的色彩倾向。"饱和度"调整用于调整指定颜色的色彩浓度。"明度"调整用于调整指定颜色的亮度。

【颜色调整按钮】单击该按钮后，可在图像上取样颜色，直接按鼠标左键并拖动可调整取样颜色的饱和度，按住<Ctrl>键拖动则可改变该取样颜色的色相。

【取样按钮】包括"吸管工具"按钮、"添加到取样工具"按钮和"从取样中减去工具"按钮，可利用相应工具单击图像以取样颜色。

【着色】勾选该复选框，若前景色为黑色或白色，则图像被转换为红色色相；若前景色为其他颜色，图像颜色转换为该颜色色相，且转换图像颜色后，各像素值明度不变。

【色相条调整滑块】按下颜色调整按钮并在图像中取样颜色后，该选项被激活，通过拖动色相条中的滑块可调整色相和饱和度，如图 4-15 所示。

原图　　　　　调整色相　　　　调整饱和度　　　调整明度

图 4-15　分别调整色相、饱和度和明度后的效果对比

4.4　进阶调整

应用进阶调整命令可在不同程度上对图像的颜色进行更为精细而复杂的调整，这些命令包括"黑白""变化""可选颜色""替换颜色""通道混合器""匹配颜色"和"阴影/高光"等。应用这些命令，可使图像的色调更自然，且调整后的效果也更加美观。

4.4.1　"变化"命令

执行"图像>调整>变化"命令可通过显示替代物的缩览图调整图像的色彩平衡、对比度和饱和度，适用于调整不需要进行精确颜色调整的平均色调图像。在索引颜色图像或 16 位通道图像中不能应用该命令。"变化"命令可用于处理一组颜色调整（色相、饱和度和亮度），每一种调整部分分别对应高光、中间调和阴影的调整。它也可以同时预览几种不同选项对应的效果，并可从中选择一种作为最终效果。"变化"对话框，如图 4-16 所示。

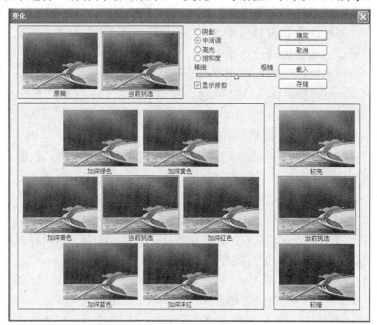

图 4-16　"变化"对话框

【色调范围选项】指定色调范围为"阴影""中间调"或"高光"范围区域。

【饱和度】选择该选项后可切换至用于调整图像颜色饱和度的选项。

【"精细/粗糙"滑块】通过拖动"精细/粗糙"滑块，可确定每一次调整的量。将滑块向左拖动，图像画质越精细；将滑块向右拖动，图像画质越粗糙。

【显示修剪】勾选"显示修剪"复选框后，可显示图像中的溢色区域。

【图像缩览图】位于对话框顶端的示意图包括"原图"和显示调整后效果的"当前挑选"缩览图。单击对话框中任意加深颜色示意图，可增加该颜色成分至当前挑选的图像颜色中，以调整图像的色调。也可单击对话框右栏的缩览图以调整明暗效果。

4.4.2　"可选颜色"命令

执行"图像>调整>可选颜色"命令用于针对性地更改图像中相应原色成分的印刷色数量而不影响其他主要原色。例如，在原色黄色中更改青色成分而不更改原色蓝色中的颜色成分。"可选颜色"命令可使用 CMYK 颜色来调整图像颜色，而在 RGB 颜色模式中也同样适用。

实际上"可选颜色"是通过控制原色中的各种印刷油墨的数量来实现效果的，所以可以在不影响其他原色的情况下调整图像中某种印刷色的数量。"可选颜色"命令主要用于调整图像没有主色的色彩成分，但通过调

图 4-17　"可选颜色"对话框

整这些色彩成分也可以实现调亮图像的作用。"可选颜色"对话框，如图 4-17 所示。

【预设】通过选择预设的可选颜色样式，可以快速应用调整效果。

【颜色】选择需要调整的颜色。包括"红色""黄色""绿色""青色""蓝色""中性色"等选项。

【各颜色滑块】在指定相应的原色选项后，拖动各颜色滑块或输入数值可调整该原色中的印刷色。

【方法】选择"相对"选项后调整颜色，将按照总量的百分比更改当前原色中的颜色成分；选择"绝对"选项后调整颜色，则按照增加或减少的绝对值更改当前原色中的颜色。

4.4.3　"替换颜色"命令

执行"图像>调整>替换颜色"命令用于将图像中指定区域的颜色替换为更改的颜色。在其中可利用取样工具进行取样以指定需替换的颜色区域，然后可通过设置替换颜色的色相、饱和度和明度以调整替换区域的色调效果，也可以直接在"选区"或"替换"选项组中分别单击"颜色"或"结果"色块，编辑相应的颜色以调整图像色调。"替换颜色"对话框，如图 4-18 所示。

【本地化颜色簇】勾选"本地化颜色簇"复选框后，在选择了多个色彩范围时，可构建更精确的蒙版。

【颜色容差】通过输入数值或拖动滑块来调整蒙版的容差，可控制选区相关颜色的范围。

【"选区"和"图像"】选择"选区"选项以显示蒙版。选择"图像"选项以预览图像。

图 4-18　"替换颜色"对话框

【"替换"选项组】在该选项组中，可调整替换颜色的色相、饱和度和明度等，如图 4-19 所示。

原图　　　　　　　　　　调整后效果

图 4-19　替换颜色后效果对比

　　使用吸管工具在图像中选取需要替换的颜色时，可以直接按<Shift>键追加颜色选区，按<Alt>键删减颜色选区。

4.4.4　"通道混合器"命令

　　执行"图像>调整>通道混合器"命令可将图像中某个通道的颜色与其他通道中的颜色进行混合，使图像产生合成效果，从而达到调整图像色彩的目的。使用该命令能快速调整图像的色相，赋予图像不同的画面效果与风格。"通道混合器"对话框，如图 4-20 所示。

图 4-20　"通道混合器"对话框

【预设】选择各预设选项可快速应用相应的色调调整效果。

【输出通道】在"输出通道"选项中选择相应的通道可对该通道颜色进行调整。

【源通道】在该选项组中通过拖动滑块或输入数值，可调整相应输出通道中的颜色。向左拖动滑块，将减少相应输出通道中该颜色通道的比重；向右拖动滑块则增加相应输出通道中该颜色通道的比重。通过调整的参数将在"总计"选项中显示源通道的总计值，若合并后的颜色通道值高于 100%，则将出现警告图标。

【常数】通过拖动滑块或输入数值，可调整输出通道的灰度值。正值增加更多的白色，而负值增加更多的黑色，当数值为 200% 或 -200% 时，则输出通道的颜色变为白色或黑色。

【单色】勾选该复选框，则对所有输出通道应用相同的设置，从而创建色彩模式下的灰度图，之后可继续调整参数让灰度图像呈现不同的质感效果。

4.4.5 "匹配颜色"命令

执行"图像>调整>匹配颜色"命令仅适用于 RGB 颜色模式的图像，该命令是将一个图像的颜色与另一个图像的颜色相匹配，将一个选区的颜色与另一个选区的颜色相匹配或将一个图层的颜色与另一个图层的颜色相匹配。"匹配颜色"对话框，如图 4-21 所示。颜色匹配后的效果如图 4-22 所示。

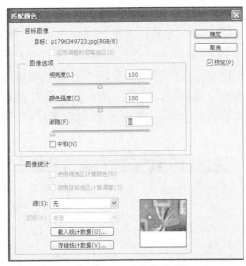

图 4-21　"匹配颜色"对话框

源图　　　　　　　目标图　　　　　　效果图

图 4-22　匹配颜色后效果对比

【目标名称】此区域所显示的名称为当前操作的图像文件名称。

【应用调整时忽略选区】若在图像中创建了选区，该复选框将被激活，勾选该复选框将忽略选区中的图像，并对其他部分进行调整。

【明亮度】拖动滑块或输入数值可调整图像的亮度，数值越大，匹配的色调越亮。

【颜色强度】拖动滑块或输入数值可调整图像的颜色饱和度，数值越大，匹配的颜色越饱和。

【渐隐】拖动滑块或输入数值可调整匹配后的颜色与原始颜色之间近似程度，数值越大，则越接近匹配颜色前的原始颜色。

【中和】勾选"中和"复选框后可去除目标图像中的色痕。

【使用源选区计算颜色】若在源图像中创建了选区并想以选区中的图像颜色来计算调整，可勾选"使用源选区计算调整"复选框。

【使用目标选区计算颜色】若在目标图像中创建了选区并想以选区中的图像颜色来计算调整，可勾选"使用目标选区计算调整"复选框。

【源】可选择目标图像所要匹配颜色的源图像。

【图层】可选择要匹配颜色的图层，若要匹配所有图层的颜色则可选择"合并的"选项。

【图像预览框】用于显示匹配颜色的图像。

4.4.6　"阴影/高光"命令

执行"图像>调整>阴影/高光"命令适用于校正在强逆光环境下拍摄产生的图像剪影效果，或是由于太接近闪光灯而导致的焦点发白的现象。"阴影/高光"命令不是简单地将图像变暗或变亮，而是基于阴影或高光的周围像素增亮或变暗。

"阴影/高光"对话框在默认状态下只显示"阴影"和"高光"选项组的参数设置，通过勾选"显示更多选项"复选框可弹出更多其他设置选项组。"阴影/高光"对话框，如图4-23所示。调整后的效果如图4-24所示。

【"阴影和高光"选项组】"数量"用于控制应用于阴影或高光区域的校正量。"色调宽度"用于控制阴影或高光中色调的修改范围，设置较小的值会只对较暗区域进行调整，且只对较亮的区域进行高光校正，而设置较大的值则会增加中间调的色调范围。"半径"可控制每个像素局部相邻的像素大小。

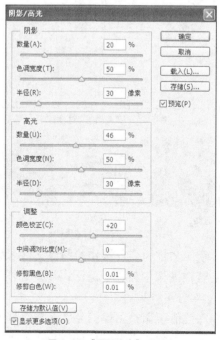

图4-23　"阴影/高光"对话框

原图　　　　　　　　　　　调整后效果

图 4-24　调整阴影/高光后效果对比

【颜色校正】拖动滑块或输入数值，可对图像已更改区域的颜色进行微调。

【中间调对比度】拖动滑块或输入数值，可调整图像中间调的对比度。

【"修剪黑色"和"修剪白色"】设置"修剪黑色"或"修剪白色"参数，可指定在图像中将多少阴影或高光剪切到新的极端阴影和高光颜色，数值越大，图像的对比度越大。需要注意的是，若设置的修剪颜色值太大，则会减少阴影或高光中的细节。

4.5　特殊调整

在掌握了一定的图像调整技能后，若能对图像的一些特殊调整命令有所涉及与认知，则能在更大的程度上掌握图像的颜色调整。这些特殊的颜色调整命令包括"去色""反相""色调均化""色调分离""阈值"和"渐变映射"等，下面将一一进行介绍。

4.5.1　"去色"命令

执行"图像>调整>去色"命令即将彩色图像转换为相同颜色模式下的黑白灰色调。使用"去色"命令可以除去图像中的饱和度信息，将图像中所有颜色的饱和度都变为零，从而将图像变为彩色模式下的灰色图像。也可按<Ctrl+Shift+U>组合键进行去色，该命令没有参数设置对话框。效果如图 4-25 所示。

原图　　　　　　　　　　　去色后效果

图 4-25　去色后效果对比

4.5.2　"反相"命令

执行"图像>调整>反相"命令即将图像中的颜色进行反转处理。在灰度图像中应用该命令，可将图像转换为底片效果。而在图像中应用该命令，将转换各颜色为相应的互补色，如将图像中的红色转换为青色、白色转换为黑色、黄色转换为蓝色、绿色转换为洋红。应用该命令会将各通道中每个像素的亮度值转换为与 256 级颜色值中对应的相反值。也可按<Ctrl+I>组合键进行反相，该命令没有参数设置对话框，效果如图 4-26 所示。

原图　　　　　　　　　　　反相后效果

图 4-26　反相后效果对比

4.5.3 "色调均化"命令

　　执行"图像>调整>色调均化"命令可以重新分布图像中像素的亮度值，以便更均匀地呈现所有范围的亮度级，如图 4-27 所示。该命令会查找图像中的最亮值和最暗值，并使最暗值表示为黑色（或尽可能相近黑色的颜色），最亮值表示白色，然后对亮度进行色调均化，也就是说，在整个灰度中均匀分布中间像素。该命令没有参数设置对话框。

原图　　　　　　　　　　色调均化后效果

图 4-27　色调均化后效果对比

4.5.4　"色调分离"命令

　　执行"图像>调整>色调分离"命令可以为图像的每个通道定制亮度级别，并且将定制亮度的像素映射为最接近的匹配色调。"色调分离"命令较为特殊，在一般的图像调整处理中使用频率不是很高，使用它能将图像中有丰富色阶渐变的颜色进行简化，从而让图像呈现出木刻版画或卡通画的效果。"色调分离"对话框，如图 4-28 所示，可拖动滑块调整参数，其取值范围为 2~255，数值越小，分离效果越明显，如图 4-29 所示。

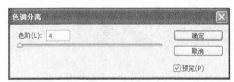

图 4-28　"色调分离"对话框

原图　　　　　　　　　　色调分离后效果

图 4-29　色调分离后效果对比

4.5.5 "阈值"命令

　　执行"图像>调整>阈值"命令可将灰度彩色图像转换为高对比度的黑白图像。以中间值 128 为基准，可以指定某个色阶作为阈值，比阈值亮的像素将转换为白色，而比阈值暗的像素转换为黑色。"阈值"对话框，如图 4-30 所示，在其中可拖动滑块以调整阈值色阶，完成后单击"确定"按钮即可实现该效果，如图 4-31 所示。

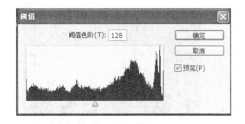

图 4-30　"阈值"对话框

原图　　　　　　　　阈值后效果

图 4-31　阈值调整后效果对比

　　【阈值色阶】在输入框中输入数值可以调整阈值色阶。

　　【直方图】显示像素亮度级的直方图，拖动下面的滑块也可以调整阈值色阶。

4.5.6 "渐变映射"命令

　　执行"图像>调整>渐变映射"命令用于将不同亮度映射到不同的颜色上去。将图像中的暗调映射为渐变填充的一端颜色，高光映射为渐变的另一端颜色，中间调映射为两端点间的渐变层次，从而达到对图像的特殊调整效果。"渐变映射"对话框，如图 4-32 所示。渐变映射的效果如图 4-33 所示。

图 4-32　"渐变映射"对话框

原图　　　　　　　　渐变映射后效果

图 4-33　渐变映射后效果对比

　　"渐变映射"功能不能应用于完全透明图层。因为完全透明图层中没有任何像素，而"渐变映射"功能首先对所处理的图像进行分析，然后根据图像中各个像素的亮度，用所选渐变模式中的颜色进行替代。

4.6　实战案例

　　日系清新照片效果调节

　　（1）执行"文件>新建"命令，在弹出的"新建"对话框中设置如图参数，新建图像文件，如图 4-34 所示。

　　（2）将背景素材图拖曳到新建文件中，按<Ctrl+T>组合键等比例调节大小，如图 4-35 所示。

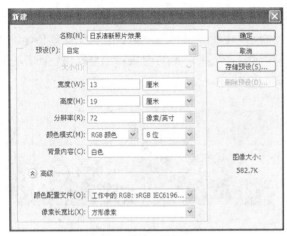

图4-34 "新建"对话框

图4-35 等比例调节大小

（3）在图层1中按<Ctrl+M>组合键，将曲线值左下角点的输出值设置为41，调节后效果如图4-36所示。

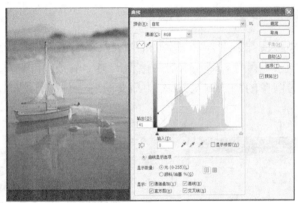

图4-36 曲线值调节后效果

（4）继续在图层1中按<Ctrl+U>组合键，将饱和度值设置为-35，将明度值设置为+10，调节后效果如图4-37所示。

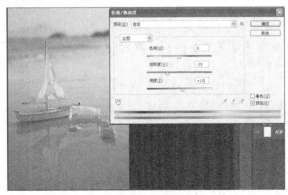

图4-37 饱和度调节后效果

（5）继续在图层1中按<Ctrl+M>组合键，将曲线面板中通道选择蓝色，线段中点的输出值设置为 109，输入值设置为 147，调节后效果如图 4-38 所示。

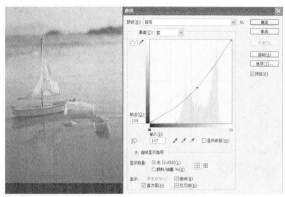

图 4-38　通道调节后效果

（6）新建图层 2，设置前景色为白色，单击渐变工具，在渐变编辑器中选择"前景色到透明渐变"，如图 4-39 所示。

图 4-39　"渐变编辑器"对话框

（7）在图层 2 上执行"径向渐变"，拖曳鼠标指针绘制白色到透明渐变区域，绘制后效果如图 4-40 所示。

图 4-40　绘制渐变后效果

（8）将图层 2 的不透明度调节为 90%，最终效果如图 4-41 所示。

图 4-41 最终效果图

5 Chapter

第 5 章
绘图

在 Photoshop CS6 中，绘制工具是从日常生活中的真实绘画工具衍生而来的，通过使用软件自带的绘制工具可在画面中绘制图像，这使用户在使用中很大程度上可以自行绘制想要的图像效果，同时也为图像处理的自由性增加了空间。

5.1　画笔与渐变工具

Photoshop CS6 画笔面板中提供了 4 种基本的绘画工具，其中包括"画笔工具""铅笔工具""颜色替换工具"和"混合器画笔工具"。它们是 Photoshop CS6 中常用的绘画工具，可以绘制和修改像素。

"渐变工具"在 Photoshop CS6 中应用非常广泛，它不仅可以填充图像还可以填充通道、图层蒙版等，可以在整个图层或选区内灵活应用，既可填充渐变颜色，也可改变图像的渐变透明度。

5.1.1　画笔工具

"画笔工具"是模拟真实画笔绘制效果的一个常用工具，它可以使用前景色绘制出比较柔和的线条，如图 5-1 所示。合理设置画笔工具的相关选项会使其绘制效果媲美真实画笔的效果。

正常模式　　　　　　　　　50%透明度　　　　　　　　溶解模式

图 5-1　使用不同设置的画笔绘制效果

单击"画笔工具"按钮 ✐ 可以对如下选项进行设置。

【工具预设 ✐】在此选取器中，单击下拉按钮，可以在预设的画笔样式中选择已有样式或将当前画笔定义为预设。

【画笔预设 ▦】在此选取器中，可以设定画笔笔尖的大小、硬度及样式。

【切换画笔面板 ▦】单击此按钮可关闭或打开画笔面板，打开画笔面板状态下可以进行更多的扩展选项的设置。

【模式】用于设置画笔颜色和下方的图像像素之间的混合模式。在它的混合模式选项中需注意"背后"选项只能更改图层中的透明区域，"清除"选项等同于"橡皮擦工具"用于清除图层中的图像。

【不透明度】用于设置画笔颜色的透明度，1%为完全透明，100%为完全不透明。

【流量】用于控制画笔在涂抹时的颜色流量。1%为最小流动速率，呈现完全透明，100%为最大流动速率，呈现完全不透明。

【喷枪 ✐】模拟喷枪功能来绘制。启用喷枪时，按住鼠标左键不放，可以持续填充线条，颜料量也会不断增加。配合画笔硬度、不透明度、流量等选项可以控制喷枪的绘制效果。

【绘图板压力按钮 ✐】这里包括"绘图板压力控制不透明度"和"绘图板压力控制大小"

两个按钮，在连接外部绘图板时，分别单击这两个按钮，选项栏中的"不透明度""画笔大小"将不会影响绘图板绘制的图形。

5.1.2　铅笔工具

与画笔工具不同的是，铅笔工具绘制出来的前景色线条具有硬边的效果。除了"自动涂抹"功能外，其他的选项与"画笔工具"相同。

单击"铅笔工具"按钮 可以对如下选项进行设置。

【自动涂抹】当未勾选该选项时，所绘制的线条为前景色。当勾选该选项时，如果光标的起始位置在包含前景色的区域上，则线条颜色为背景色。如果光标的起始位置在不包含前景色的区域上，则线条颜色为前景色，如图 5-2 所示。

光标中心在不包含前景色的区域　　　　　　光标中心在包含前景色的区域

图 5-2　使用自动涂抹的绘制效果

5.1.3　橡皮工具组

在 Photoshop CS6 橡皮工具组当中包含 3 种擦除工具"橡皮擦工具""背景橡皮擦工具""魔术橡皮擦工具"，其中"橡皮擦工具"的选项设置比较多，具有多种用途。"背景橡皮擦工具""魔术橡皮擦工具"主要用于去除图像上的背景。

1.　橡皮擦工具

"橡皮擦工具"可以用来擦除图像，如图 5-3 所示。

画笔模式　　　　　　　　　　铅笔模式50%透明度　　　　　　　　　　块模式

图 5-3　使用橡皮擦不同模式的涂擦效果

单击"橡皮擦工具"按钮 可以对如下选项进行设置。

【模式】在该选项中提供了"画笔""铅笔""块"三种模式。"画笔"模式创建柔和的边缘效果，"铅笔"模式创建硬边缘效果，"块"模式创建块状擦除效果。

【不透明度】设置工具的擦除强度。较低的透明度擦除部分像素，100%时完全擦除像素。注意使用"块"模式时，此选项无效。

【流量】控制工具的涂抹速度。1%为最小流动速率，呈现完全透明，没有擦除效果。100%为最大流动速率，呈现完全不透明，能完全擦除像素。

【抹到历史记录】与"历史记录画笔工具"的作用相同，勾选该选项后，在"历史记录"面板中选择一个状态，在擦除时就可以将图像恢复为指定状态。

2. 背景橡皮擦工具

"背景橡皮擦"是一种智能橡皮擦，它具有自动识别对象边缘的功能，可采集画笔中心的颜色，并删除在画笔内出现的残采集颜色，使擦除区域成为透明区域，如图5-4所示。

连续模式   一次模式   背景色板模式

图5-4 使用背景橡皮擦"取样"选项中三种模式的涂擦效果

单击"橡皮擦工具"按钮可以对如下选项进行设置。

【取样】在该选项中提供了"连续""一次""背景色板"三种模式。"连续"模式可连续对颜色进行取样，"一次"模式只擦除包含第一次所选颜色的区域，"背景色板"只擦除包含背景色的区域。

【限制】该选项中提供了"不连续""连续""查找边缘"三种选项。"不连续"选项可擦除出现在光标下任何位置的样本颜色，"连续"选项只擦除包含样本颜色并且互相连接的区域，"查找边缘"选项可擦除包含样本颜色的连接区域。

【容差】设置颜色的容差范围。低容差可擦除与样本颜色相似的区域，高容差可擦除范围更广的颜色。

【保护前景色】勾选后可防止擦除与前景色匹配的区域。

3. 魔术橡皮擦工具

"魔术橡皮擦"用于删除颜色相近或大面积单色区域的图像，如图5-5所示。

单击"橡皮擦工具"按钮可以对如下选项进行设置。

【容差】设置颜色的容差范围。低容差可擦除与样本颜色相似的区域，高容差可擦除范围更广的颜色。

图 5-5　使用魔术橡皮擦的涂擦效果

【消除锯齿】勾选后使擦除区域的边缘变得平滑。

【连续】勾选后只擦除与单击点像素邻近的像素。

【对所有图层取样】勾选后可对所有可见图层中的组合数据来采集涂抹色样。

【不透明度】用来设置擦除强度，100%为完全不透明，将图形像素完全删除。反之数值越低，只能擦除部分像素。

5.1.4　渐变工具

渐变工具用来在整个文档或选区内填充渐变颜色，如图 5-6 所示。

渐变类型 杂色、粗糙度100%　　　红绿渐变、平滑度100%　　　前景色到透明渐变

图 5-6　不同渐变类型的渐变效果

单击"渐变工具"按钮█可以对如下选项进行设置。

【渐变颜色条██████】渐变颜色条右侧的下拉按钮中提供了多种预设的渐变样式供用户选择。

【渐变类型██████】提供了 5 种渐变类型，从左至右依次为"线性渐变"可创建以直线从起点到终点的渐变，"径向渐变"可创建以圆形图案从起点到终点的渐变，"角度渐变"

可以创建围绕起点以逆时针扫描方式的渐变,"对称渐变"可创建使用均衡的线性渐变在起点的任意一侧渐变,"菱形渐变"可创建以菱形方式从起点向外渐变,终点定义菱形的一个角。

【模式】用来设置渐变颜色的混合模式。

【不透明度】用来设置渐变颜色的不透明度。

【反向】可转换设置颜色的顺序、得到反方向的渐变结果。

【仿色】勾选后可平滑渐变效果,防止打印时出现条带化现象。

【透明区域】勾选后可打开透明蒙版功能,可创建包含透明像素的渐变。

5.1.5 画笔面板

画笔面板是最重要的面板之一,它可以设置绘画工具、修饰工具的笔尖种类、大小、硬度。

1. 画笔预设面板

"画笔预设"中提供了各种预设的画笔类型,拖动"大小"滑块可以调整笔尖的大小。单击"切换画笔面板"按钮打开"画笔"面板,如图 5-7 所示。

2. 画笔笔尖形状

"画笔笔尖形状"是对预设的画笔大小、角度、圆度、硬度等进行更细致的修改。在"画笔笔尖形状"中除了硬毛刷画笔、侵蚀画笔和喷枪画笔具有单独的设置选项外,其他画笔的设置选项完全相同

（1）基本画笔选项

单击"切换画笔面板"按钮打开"画笔"面板,如图 5-8 所示,选择一种基本画笔。

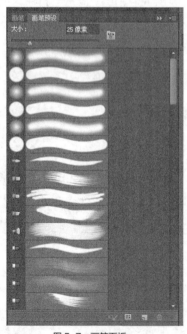

图 5-7 画笔面板

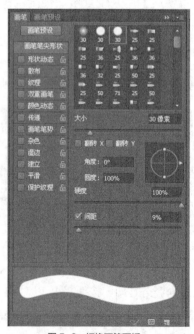

图 5-8 切换画笔面板

【大小】设置画笔的大小。

【翻转 X / 翻转 Y】用来改变笔尖在 x 轴或 y 轴的方向。

【角度】用来设置笔尖的旋转角度。

【圆度】用来设置画笔长轴与短轴之间的比例。

【硬度】用来设置画笔硬度中心的大小，数值越小边缘越柔和，反之边缘越清晰。

【间距】用来设置两个画笔笔迹之间的距离，数值越大间距约大，反之间距越小。

柔角30、大小30像素、　　柔角30、大小20像素、　　柔角30、大小10像素、
硬度20%、间距1%　　　　硬度50%、间距100%　　　硬度100%、间距200%

图 5-9　基本画笔中以"柔角 30"为例设置不同参数的画笔效果

（2）硬毛刷画笔选项

单击"切换画笔面板"按钮打开"画笔"面板，如图 5-10 所示，选择硬毛刷画笔。

图 5-10　画笔面板

【形状】在右侧下拉列表中可选择预设的 10 种硬毛刷画笔。

【硬毛刷】用来控制毛刷的密度。

【长度】用来设置毛刷的长度。

【粗细】用来设置单根毛刷的宽度。

【硬度】用来设置毛刷的软硬度，数值越小毛刷越软，画笔形状容易变形。

【角度】用来设置使用鼠标绘画时画笔笔尖的角度。

圆扇形硬毛刷、大小10像素、　　圆扇形硬毛刷、大小20像素、　　圆扇形硬毛刷、大小30像素、
粗细1%、硬度1%、间距1%　　　粗细30%、硬度20%、间距100%　　粗细60%、硬度100%、间距50%

图 5-11　硬毛刷画笔中以"圆扇形"为例设置不同参数的画笔效果

（3）侵蚀画笔选项

单击"切换画笔面板"按钮■打开"画笔"面板，如图 5-12 所示，选择侵蚀画笔。设置不同参数的效果如图 5-13 所示。

图 5-12　画笔面板

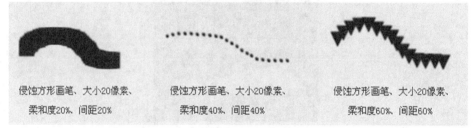

侵蚀方形画笔、大小20像素、　　侵蚀方形画笔、大小20像素、　　侵蚀方形画笔、大小20像素、
　　柔和度20%、间距20%　　　　　柔和度40%、间距40%　　　　　柔和度60%、间距60%

图 5-13　侵蚀画笔中以"方形画笔"为例设置不同参数的画笔效果

【柔和度】用来设置笔刷的柔和度，数值越大笔触越柔和。

【形状】用来设置笔刷的形状，下拉选项中有六种预设方式可选。

【锐化笔尖】单击此按钮可以锐化当前的侵蚀笔尖。

（4）喷枪画笔选项

单击"切换画笔面板"按钮■打开"画笔"面板，如图 5-14 所示，选择喷枪画笔。设置不同参数的效果如图 5-15 所示。

【硬度】用来设置喷枪笔尖的软硬度，数值越小笔尖越柔和。

【扭曲度】用来设置喷枪笔尖的扭曲程度，数值越大扭曲度越大。

【粒度】用来控制喷枪笔触的粒度。

【喷溅大小】用来设置喷射颗粒的大小。

【喷溅量】用来设置喷射颗粒的数量。

3. 形状动态

"形状动态"决定了画笔笔迹中大小抖动、角度抖动、圆度抖动的特性，可以使画笔产生随机变化效果。

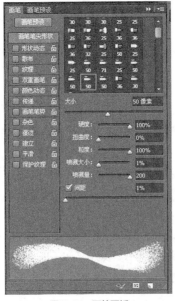

图 5-14　画笔面板

喷枪50、大小20像素、
粒度50%、喷溅大小1%、喷溅量10

喷枪50、大小20像素、
粒度50%、喷溅大小1%、喷溅量10

喷枪50、大小20像素、
粒度50%、喷溅大小1%、喷溅量10

图 5-15　喷枪画笔中以"喷枪 50"为例设置不同参数的画笔效果

　　单击"切换画笔面板"按钮▣打开"画笔"面板，如图 5-16 所示，选择"形状动态"。设置不同参数的效果如图 5-17 所示。

图 5-16　画笔面板

图 5-17 "形状动态"设置不同参数的画笔效果

【大小抖动】用来设置画笔笔迹大小的改变方式，数值越高，轮廓越不规则。

【最小直径】启动了"大小抖动"后，此选项可设置画笔笔迹缩放的最小百分比，数值越小变化越大。

【角度抖动】用来改变画笔笔迹的角度，可在下方的"控制"下拉列表中选择预设的选项。

【圆度抖动】用来设置画笔笔迹的圆度变化方式，可在下方的"控制"下拉列表中选择预设的选项。

【最小圆度】启动了"圆度抖动"后，通过此选项可以控制画笔笔迹的圆度。

【翻转 X 抖动/翻转 Y 抖动】用来设置笔尖在 X 轴或 Y 轴上的方向。

4. 散布

散布可以设置画笔笔迹散布的数量和位置，使笔迹沿着绘制的线条扩散。

单击"切换画笔面板"按钮 🖾 打开"画笔"面板，如图 5-18 所示，选择散布。设置不同参数的效果如图 5-19 所示。

【散布/两轴】用来设置画笔笔迹大小的分散程度，数值越高，笔迹分散范围越广。在下方的"控制"下拉列表中选择预设的选项可以指定笔迹如何散布变化。

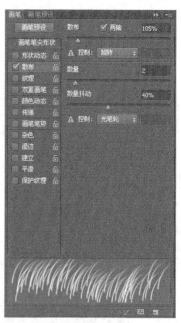

图 5-18 画笔面板

图 5-19 "散步"设置不同参数的画笔效果

【数量】用来指定在每个间距间隔应用的笔迹数量。

【数量抖动】用来指定画笔笔迹的数量如何针对各种间距间隔而变化。

【圆度抖动】用来设置画笔笔迹的圆度变化方式，可在下方的"控制"下拉列表中选择预设的选项。在下方的"控制"下拉列表中选择预设的选项可以设置画笔笔迹的数量如何变化。

5. 纹理

"纹理"选项可以使画笔绘制出的笔迹产生类似于在带纹理的画布上绘制的效果。

单击"切换画笔面板"按钮 打开"画笔"面板，如图 5-20 所示，选择纹理。设置不同参数的效果如图 5-21 所示。

图 5-20　画笔面板

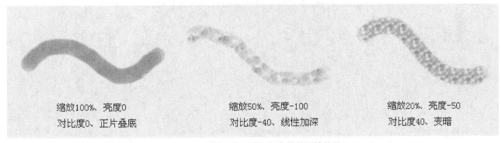

缩放100%、亮度0　　　　　　　缩放50%、亮度-100　　　　　　缩放20%、亮度-50
对比度0、正片叠底　　　　　　　对比度-40、线性加深　　　　　　对比度40、变暗

图 5-21　"纹理"设置不同参数的画笔效果

【设置纹理/反相】在图案缩览图右侧下拉列表中选择预设的纹理，勾选"反相"可反转纹理中的明暗颜色。

【缩放】用来缩放指定图案的比例。

【亮度】用来设置画笔纹理的亮度。

【对比度】用来设置画笔纹理的对比度，对比数值越大纹理越清晰。

【为每个笔尖设置纹理】用来设置绘画时是否单独渲染每个笔尖。

【模式】用于指定画笔和图案的混合模式。

【深度】用来指定油彩渗入到纹理中的深度。

【最小深度】用来指定油彩可渗入的最小深度。

【深度抖动】用来设置纹理抖动的最大百分比。

6. 双重画笔

"双重画笔"是通过两个笔尖来创建画笔笔迹，令线条呈现两种画笔效果。

单击"切换画笔面板"按钮 打开"画笔"面板，如图 5-22 所示，选择双重画笔。不同模式的效果如图 5-23 所示。

图 5-22　画笔面板

正片叠底模式　　　　　　　　变暗模式　　　　　　　　叠加模式

图 5-23　"双重画笔"不同模式的画笔效果

【模式】用于指定两种画笔在组合时的混合模式，在该选项的下拉列表中提供了 8 种预设模式。

【大小】用来设置笔尖的大小。

【间距】用来控制双笔尖画笔笔迹之间的距离。

【散布】用来控制双笔尖画笔笔迹之间的分布方式。

【数量】用来设置在每个间距间隔应用的双笔尖笔迹数量。

7. 颜色动态

"颜色动态"决定了画笔笔迹中油彩颜色、饱和度和明度的变化方式。

单击"切换画笔面板"按钮 打开"画笔"面板，如图 5-24 所示，选择颜色动态。设置不同参数的效果如图 5-25 所示。

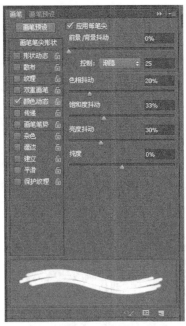

图 5-24 画笔面板

"颜色动态"默认设置　色相抖动50%、饱和度抖动50%　色相抖动100%、饱和度抖动100%
纯度100%、勾选"应用每笔尖"　纯度-50%、勾选"应用每笔尖"

图 5-25 "颜色动态"设置不同参数的画笔效果

【应用每笔尖】勾选此选项则每个画笔笔尖都会应用不同的颜色抖动。不勾选该选项则笔尖颜色随机变化。

【前景/前景抖动】用来设置前景色和背景色之间的油彩变化方式，在下方的"控制"下拉列表中选择预设的选项可以设置画笔笔迹的颜色变化。

【色相抖动】用来控制画笔笔迹中油彩色相的变化范围。

【饱和度抖动】用来控制画笔笔迹中油彩饱和度的变化范围。

【亮度抖动】用来控制画笔笔迹中油彩亮度的变化范围。

【纯度】用来控制画笔笔迹颜色的纯度。

8. 传递

"传递"用来确定油彩在描边路线中的改变方式。

单击"切换画笔面板"按钮打开"画笔"面板，如图 5-26 所示，选择传递。不同类型笔尖画笔的效果如图 5-27 所示。

【不透明度抖动】用来设置画笔笔迹中油彩不透明度的

图 5-26 画笔面板

变化程度，在下方的"控制"下拉列表中选择预设的选项可以设置画笔笔迹的不透明度变化。

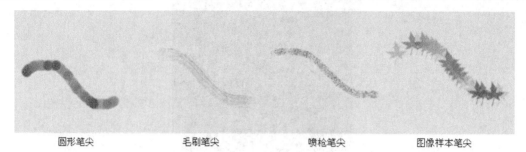

| 圆形笔尖 | 毛刷笔尖 | 喷枪笔尖 | 图像样本笔尖 |

图 5-27 "传递"应用于不同类型笔尖的画笔效果

【流量抖动】用来设置画笔笔迹中油彩流量的变化程度，在下方的"控制"下拉列表中选择预设的选项可以指定画笔笔迹的流量变化。

9. 画笔笔势

"画笔笔势"用来控制画笔笔尖随鼠标走势改变的效果。

单击"切换画笔面板"按钮📷打开"画笔"面板，如图 5-28 所示，选择画笔笔势。设置不同参数的效果如图 5-29 所示。

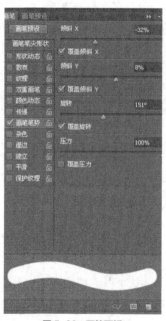

图 5-28 画笔面板

| 倾斜X 0、倾斜Y 0 | 倾斜X 100%、倾斜Y 100% | 倾斜X -100%、倾斜Y -100% |

图 5-29 "画笔笔势"设置不同参数的画笔效果

【倾斜 X/倾斜 Y】用来设置画笔笔触在 x 轴和 y 轴的倾斜度。

【旋转】用来设置画笔笔触自身的旋转角度。

【压力】用来设置画笔笔触的压力，数值越大绘制速度越快。

10．其他画笔选项

除上述选项外，还有"杂色""湿边""建立""平滑""保护纹理"选项，它们没有可供调整的数值，只需勾选就可得到相应的效果。

【杂色】用来增加画笔笔尖额外的随机性。

【湿边】增加画笔笔触边缘的油彩量，创建水彩效果。

【建立】该选项与喷枪选项相对应，将渐变应用于图像，同时模拟喷枪效果。

【平滑】生成更平滑的曲线。

【保护纹理】将相同图案和缩放比例应用于具有纹理的所有画笔预设。

5.2 路径与形状

Photoshop CS6 中存在着一些创建和编辑矢量图形的工具，比较常用的有钢笔工具和形状工具，通过它们可以绘制不同形状的矢量图形。矢量工具不仅可以绘制复杂的图形还可以创建选区，尤其在抠图时，它是创建精确选区最有效的方法之一。

5.2.1 钢笔工具

路径是由多个锚点组成的线段或曲线，它可以以单独的线段或曲线存在。"钢笔工具"可以绘制不同的开放路径或封闭路径。

单击工具箱中的"钢笔工具"按钮 ，如图 5-30 所示，可以对如下选项进行设置。

图 5-30　钢笔工具属性栏

【建立】在该选项中提供了"选区""蒙版""形状"三种模式。"选区"模式中可以设置选区的创建方式以及羽化方式，也可以将当前路径转换为一个新选区。"蒙版"模式可以沿当前路径边缘创建矢量蒙版。"形状"模式可以沿当前路径创建形状图层并为该形状图形填充前景色。

【路径操作按钮 】可在该按钮的下拉菜单中选择相应的选项。"新建图层"为默认选项，可以在一个新的图层中放置所绘制的形状图形。"合并形状"选项可以在原有形状的基础上添加新的路径形状。"减去顶层形状"选项可以在已经绘制的路径或形状中减去当前绘制的路径或形状。"与形状区域相交"选项可以保留原来的路径或形状与当前的路径或形状相交的部分。"排除重叠形状"选项只保留原来的路径或形状与当前的路径或形状非重叠的部分。

【路径对齐方式按钮 】可在该按钮的下拉菜单中选择相应的选项来设置路径的对齐与分布方式。

【路径排列方式按钮 】可在该按钮的下拉菜单中选择相应的选项来设置邻近的排列方式、排列顺序。

【设置】单击该按钮，勾选"橡皮带"在移动光标时会显示出一个路径状的虚拟线，它显示了该段路径的大致形状。

【自动添加/删除】勾选该选项，"钢笔工具"可以在路径上添加锚点或删除锚点。

5.2.2　路径

路径是可以转换为选区或使用颜色填充和描边的轮廓，它包括开放式路径和闭合式路径两种，另外路径也可以由多个相互独立的路径组件组成，这些路径组件称为子路径。

路径是由锚点连接而成的，锚点包括平滑点与角点两种，平滑点可以连接成平滑的曲线，角点可以形成直线。

当使用路径绘制形状时，经常要通过对路径的再次编辑、修改才能达到理想的形状，以下将介绍关于编辑路径的相关内容。

1. 选择路径与锚点

在 Photoshop CS6 中，可以应用"路径选择工具 ▶"对路径进行选择。在路径内的任意区域单击即可选中路径，按住鼠标左键即可移动路径，被选中的路径以实心点的方式显示各个锚点。如图 5-31 所示。

应用"直接选择工具 ▶"选择路径后，被选中的路径以空心点的方式显示各个锚点，将鼠标放在锚点处单击，可调整锚点。如图 5-32 所示。

图 5-31　锚点显示

图 5-32　调整锚点

2. 添加锚点与删除锚点

（1）单击"添加锚点工具 ✍"，将光标放在路径上，单击即可添加一个锚点。如图 5-33 所示。

（2）单击"删除锚点工具 ✍"，将光标放在所要删除的锚点上，单击即可删除一个锚点。如图 5-34 所示。

图 5-33　添加锚点

图 5-34　删除锚点

3．转换锚点的类型

单击"转换点工具⊵"，将光标放在锚点上，可将当前锚点转换。如当前锚点为平滑点，单击则转换为角点，如图 5-35 所示。如当前锚点为角点，单击并拖动鼠标则转换为平滑点，如图 5-36 所示。

图 5-35　转换为角点

图 5-36　转换为平滑点

4．调整路径形状

在路径上的每一个锚点都包含一条或两条方向线，方向线的端点是方向点。"直接选择工具▸"和"转换点工具⊵"都可以调整方向线。

单击"直接选择工具▸"，拖动平滑点上的方向线时，方向线始终保持为一条直线状态，锚点两侧的路径都会发生变化，如图 5-37 所示。

单击"转换点工具⊵"，拖动平滑点上的方向线时，可以单独调整任意一侧的方向线，另一侧的方向线和路径不会发生变化，如图 5-38 所示。

5．变换路径

图 5-37　平滑点调整

单击"编辑"菜单下的"变换路径"，或快捷键<Ctrl +T>可以显示定界框。拖动控制点可对路径进行缩放、旋转、斜切等操作，如图 5-39 所示。

图 5-38　角点调整

图 5-39　变换路径

5.2.3 形状

形状工具能够绘制标准的几何矢量图形，也可以绘制自定义的图形，在Photoshop CS6中提供了6种形状工具，分别是“矩形工具”“圆角矩形工具”“椭圆工具”“多边形工具”“直线工具”和“自定形状工具”。

1. 矩形工具

“矩形工具”可以绘制矩形或正方形。

单击工具箱中的“矩形工具”按钮，如图5-40所示，可以对如下选项进行设置。应用不同绘制的效果如图5-41所示。

形状
填充：
描边：
4.28 点
W: 785 像
H: 1003 像
对齐边缘

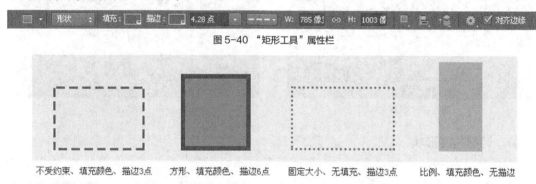

图5-40 “矩形工具”属性栏

不受约束、填充颜色、描边3点
方形、填充颜色、描边6点
固定大小、无填充、描边3点
比例、填充颜色、无描边

图5-41 应用不同设置的绘制效果

【填充】可为已创建的形状填充自定义颜色。

【描边】可为已创建的形状描边，描边的宽度及样式可通过此选项右侧的数值选项和描边样式选项定义。

【设置】单击该按钮下拉选项，其中提供了五种创建方式。“不受约束”可以绘制任意大小的矩形，“方形”可以绘制任意大小的正方形，“固定大小”可以根据W、H文本框中输入的数值绘制固定尺寸的矩形，“比例”可以根据W、H文本框中输入的数值绘制任意大小但宽、高保持一定比例的矩形，“从中心”可以绘制以鼠标为中心点自由向外扩散的矩形。

2. 圆角矩形工具

“圆角矩形工具”可以绘制圆角矩形，它与“矩形工具”的选项设置基本相同。

单击工具箱中的“圆角矩形工具”按钮，如图5-42所示，可以对如下选项进行设置。不同的设置效果如图5-43所示。

形状
填充：
描边：
3 点
W: 822 像
H: 829 像
半径：
50 像素
对齐边缘

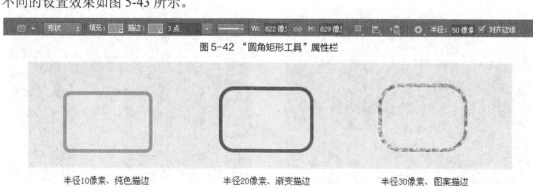

图5-42 “圆角矩形工具”属性栏

半径10像素、纯色描边
半径20像素、渐变描边
半径30像素、图案描边

图5-43 设置不同半径及描边的绘制效果

【半径】可用来设置所绘制的圆角矩形的圆角半径。

3. 椭圆工具

"椭圆工具"可以绘制椭圆形与正圆形，它与"矩形工具"的选项设置基本相同。

单击工具箱中的"椭圆工具"按钮，如图 5-44 所示，可以对如下选项进行设置。不同的设置效果如图 5-45 所示。

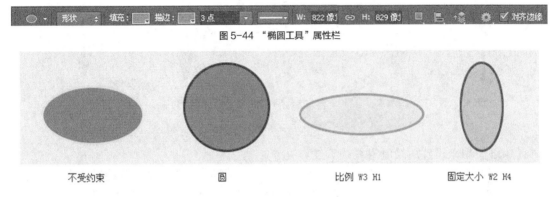

图 5-44　"椭圆工具"属性栏

不受约束　　　　　　圆　　　　　比例 W3 H1　　　　固定大小 W2 H4

图 5-45　应用不同设置的绘制效果

使用"椭圆工具"绘制圆形时，需按住<Shift>键的同时拖动鼠标。

4. 多边形工具

"多边形工具"可以绘制三角形、五边形、六边形等形状。

单击工具箱中的"椭圆工具"按钮，如图 5-46 所示，可以对如下选项进行设置。不同的设置效果如图 5-47 所示。

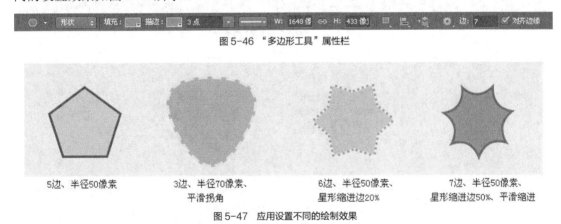

图 5-46　"多边形工具"属性栏

5边、半径50像素　　3边、半径70像素、　　6边、半径50像素、　　7边、半径50像素、
　　　　　　　　平滑拐角　　　　　　星形缩进边20%　　　星形缩进边50%、平滑缩进

图 5-47　应用设置不同的绘制效果

【边】用来设置所绘制的多边形或星形的边数，它的范围为 3～100。

【设置】在设置按钮下拉选项中，"半径"选项用来设置所绘制的多边形或星形的半径，即图形中心到顶点的距离。"平滑拐角"勾选项用来设置创建多边形平滑的拐角。"星形"勾选项可以绘制出不同边数星形，该选项中的"缩进边依据"用来设置星形边缩进的百分比，数值越大缩进越明显。"平滑缩进"勾选项可以使绘制的星形边缘平滑的向中心缩进。

5. 直线工具

"直线工具"可以绘制粗细不同的直线和带箭头的线段。

单击工具箱中的"直线工具"按钮，如图 5-48 所示，可以对如下选项进行设置。不同的设置效果如图 5-49 所示。

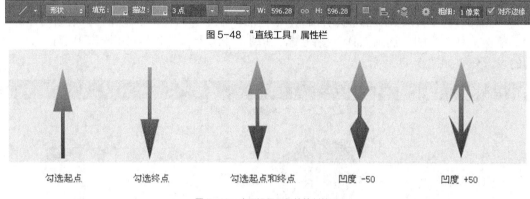

图 5-48　"直线工具"属性栏

图 5-49　应用设置不同的绘制效果

【粗细】用来设置所绘制直线的宽度。

【设置】在设置按钮下拉选项中，"起点/终点"勾选项用来设置为所绘制的直线起点或终点或起点终点同时添加箭头。"宽度"选项用来设置箭头宽度与直线宽度的百分比。"长度"选项用来设置箭头长度与直线长度的百分比。"凹度"选项用来设置箭头的凹陷程度。

6. 自定形状工具

"自定形状工具"可以在软件预设的形状中选择所需绘制多种不同类型的形状。

单击工具箱中的"自定形状工具"按钮，如图 5-50 所示，可以对如下选项进行设置。不同的设置效果如图 5-51 所示。

图 5-50　"自定形状工具"属性栏

图 5-51　应用设置不同的绘制效果

【形状】单击此选项的下拉按钮，可以打开"自定形状"拾取器，可以创建不同类型的形状。

【设置】在设置按钮下拉选项中，"不受约束"选项可以任意改变所选形状的宽高比例及大小进行绘制。"定义的比例"选项是在不改变所选形状比例关系的基础上进行绘制。"定义的大小"选项用来绘制与原形状大小相同的形状。"固定大小"选项通过设置宽度与高度值绘制形状。"从中心"选项用来绘制从中心点向外扩散的形状。

5.2.4　路径面板

"路径"面板用于保存和管理路径，面版中显示了每条存储的路径，当前工作路径和当前矢量蒙版的名称和缩览图。

1. 路径面板

在"窗口"中打开"路径"面板，如图 5-52 所示。

【路径/工作路径/矢量蒙版】显示了当前文档中包含的路径、临时路径和矢量蒙版。

【用前景色填充路径 ◉】用前景色填充路径区域。

【用画笔描边路径 ◯】用画笔工具对路径进行描边。

【将路径作为选区载入 ▦】将当前选择的路径转换为选区。

【从选区生成工作路径 ◈】从当前的选区中生成工作路径。

【添加蒙版 ◉】从当前路径创建蒙版。

【创建新路径 ◻】可以创建新的路径层。

【删除当前路径 🗑】可以删除当前选择的路径。

图 5-52　路径面板

2. 工作路径

使用矢量工具（钢笔工具或形状工具）绘制图形的时候，如果单击创建新路径 ◻ 按钮，新建了一个路径层，然后再绘图，可以创建相应的路径。如图 5-53 所示。如果没有单击创建新路径 ◻ 按钮而直接绘图，则创建的是工作路径，工作路径是一种临时路径，用于定义形状的轮廓。如图 5-54 所示。如果要保存它可以直接拖动到 ◻ 按钮上，如果要存储并重命名，可双击它的名称，在"存储路径"对话框中设置新名称。

图 5-53　新路径

图 5-54　工作路径

3. 新建路径

单击创建新路径 ◻ 按钮，可以创建新的路径图层。如果要在新建路径时直接设置好路径的名称，可按住 <Alt> 键并单击 ◻ 按钮，在打开的"新建路径"对话框中设置路径名称。

4. 选择路径和隐藏路径

（1）选择路径

单击"路径"面板中的路径则可以选择该路径。在面板空白处单击，可以取消选择的路径。

（2）隐藏路径

在"路径"面板中单击路径后，文档将会始终显示该路径，即使在使用其他工具进行图像处理时也不会发生变化。如果想便于观看图像，并保持路径的选择状态，可按住 Ctrl+H 键，隐藏文档中的路径。如需再次显示路径，可再次按此快捷键。

5. 复制与删除路径

（1）在路径面板中复制路径

只需将路径拖动到 ◻ 按钮上即可复制该路径。如果要复制并重命名路径，可先选择路径，然后在执行面板菜单中右键选择"复制路径"，在其对话框中输入新的路径名称。

（2）删除路径

在"路径"面板中选择路径，拖动到删除当前路径 🗑 按钮，即可直接删除该路径。

5.3　填充及描边

　　填充与描边是在绘图中经常应用的手段。填充是指在图像或选区内填充颜色。描边是指为选区描出可见的边缘。在进行填充和描边时可使用"油漆桶工具"、"填充" 命令、"描边"命令或快捷键进行操作。

5.3.1　使用"油漆桶"工具

　　使用"油漆桶工具"可以在选区、路径和图层内的区域填充指定的颜色和图案。
　　单击工具箱中的"油漆桶工具"按钮，如图 5-55 所示，可以对如下选项进行设置。

图 5-55　"油漆桶工具"属性栏

　　【填充内容】单击油漆桶图标右侧的下拉按钮选择填充内容，包括"前景色"和"图案"。如图 5-56 所示。

图 5-56　使用前景色为卡通人物填色

　　【模式/不透明度】用来设置填充内容的混合模式和不透明度。如果将"模式"设置为"颜色"，则填充颜色时不会破坏图像中原有的细节和阴影。
　　【容差】用来定义必须填充的像素的颜色相似程度。
　　【消除锯齿】可以平滑填充选区的边缘。
　　【连续的】只填充与鼠标单击点相邻的像素，取消勾选时可填充图像中的所有相似像素。
　　【所有图层】勾选该项表示基于所有可见图层的合并颜色数据填充像素，取消勾选则仅填充当前图层。

5.3.2　使用"填充"命令

　　使用"填充"命令可以在当前图层或选区内填充颜色或图案，在填充时还可以设置不透明度和混合模式。
　　单击"编辑"菜单下"填充"按钮，如图 5-57 所示，可以对如下选项进行设置。填充效果如图 5-58 所示。
　　【使用】在该选项的下拉列表中可以选择相应的选项作为填充内容。
　　【自定图案】如果在"使用"下拉列表中选择"图案"

图 5-57　"填充"对话框

选项时，则可以在"自定图案"下拉列表中选择相应的填充图案。

图 5-58　在"填充"对话框中，选择"图案"为卡通人物填充

【模式/不透明度】用来设置填充内容的混合模式和不透明度。

【保留透明区域】勾选该项后，只对图层中包含像素的区域进行填充，不会影响透明区域。

5.3.3　使用"描边"命令

使用"描边"命令可以为图像或选区应用描边的效果。

单击"编辑"菜单下"描边"按钮，如图 5-59 所示，可以对如下选项进行设置。描边的效果如图 5-60 所示。

【描边】在该选项中可以对描边的宽度与颜色进行设置。

【位置】该选项提供三种模式用于设置描边相对于选取的位置。

【混合】通过"模式"选项可设置描边与图像中其他颜色的混合模式。通过"不透明度"可以设置描边的不透明度。勾选"保留透明区域"选项，则描边范围与透明区域重合时，重合部分不会有描边效果。

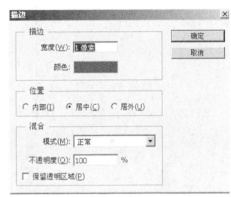

图 5-59　"描边"对话框

图 5-60　为图像和选区描边的不同效果

5.4　实战案例

绘制卡通人物

（1）在新建文件中，单击"钢笔工具 ✎"创建路径，并单击"转换点工具 ▷"对路径上的锚点进行调整。

（2）单击"将路径作为选区载入 📷"，将当前路径转换为选区。并单击"油漆桶工具 🪣"填充选区为草地。

（3）单击"油漆桶工具 🪣"填充选区为天空。单击"画笔工具 🖌"中"大涂抹炭笔"，设置"大小"200 像素、"不透明度"15%、"颜色"白色绘制云朵。单击"涂抹工具 🖐"将云朵边缘涂抹成不规则状。

（4）单击"画笔工具 🖌"中"Grass"，设置"大小"350 像素、"间距"25%、勾选"颜

色动态"和"杂色"选项，绘制草地。

（5）单击"钢笔工具 ✐"绘制卡通人物草图，并单击"转换点工具 ▶"对路径上的锚点进行调整。

（6）单击"钢笔工具 ✐"将头发部分单独创建路径，并单击"油漆桶工具 ▲"填充头发选区基本色，然后选择较基本色偏深的两个颜色，分别使用"画笔工具 ✐"画出头发的暗部区域。

（7）单击单击"涂抹工具"将头发区域的三种颜色涂抹过渡使之柔和。再单击"减淡工具"细化头发高光区域。

（8）使用创建头发的方法可将服饰的部分逐一创建完成。

（9）创建脸部的眉毛、眼睛时，单击"钢笔工具"创建路径，并单击"转换点工具"对路径上的锚点进行调整。填充眉毛的颜色时，单击"将路径作为选区载入"，将眉毛的路径转换为选区，并单击"油漆桶工具"填充灰色。填充眼眶的颜色时，单击"将路径作为选区载入"，将眼眶的路径转换为选区，单击"编辑"菜单下"描边"工具，设置3像素，灰色描边。

（10）创建眼球时，单击"钢笔工具 <img_1>"创建路径，并单击"转换点工具 <img_1>"对路径上的锚点进行调整。然后单击"将路径作为选区载入 <img_1>"，将眼球的路径转换为选区，单击"渐变工具 <img_1>"，创建眼球的明暗关系。然后再分别应用"椭圆工具 <img_1>"创建瞳孔与高光的选区，单击"油漆桶工具 <img_1>"填充黑灰色、白色。

（11）将脸部五官逐一创建，方法与上面步骤基本相同。最后细化脸部的明暗关系。

（12）完成图。

6 Chapter

第 6 章
文字

文字是艺术设计中不可缺少的组成元素之一，它具有辅助传递图像相关信息的作用。使用 **Photoshop** 对图像进行处理，适当添加合适的文字，能让图像更具有画面感。我们可以根据画面需求输入横排或竖排文字及段落等，也能根据输入的文字创建文字选区，从而对文字的功能进行扩展。

6.1　文字工具

文字是平面设计作品中重要的组成部分，它不仅可以传达重要的信息还可以美化版面、强化主题，所以正确使用文字工具在平面设计中至关重要。

在 Photoshop CS6 中提供了 4 种文字工具："横排文字工具 T""直排文字工具 IT""横排文字蒙版工具 T" 和 "直排文字蒙版工具 T"。

在使用文字工具输入文字之前，需要在文字工具选项栏中对字体、颜色、大小等属性进行设置。

单击 "文字工具" 按钮 T，如图 6-1 所示，以可以对如下选项进行设置。不同设置的效果如图 6-2 所示。

图 6-1　"文字工具" 属性栏

| 黑体、36点、锐利 | 宋体、48点、犀利 | 楷体、60点、浑厚 | 仿宋、72点、平滑 |

图 6-2　使用不同设置的文字效果

【更改文本方向 IT】单击此选项可以将当前文字类型进行转换，如当前为横排文字可转换为竖排文字。

【设置字体】在此下拉列表中提供了多种字体。

【设置字符样式】该选项只对部分英文字体有效，包括 4 种设置 "Regular 规则的""Ltalic 斜体""Bold 粗体" 和 "Bold Ltalic 粗斜体"。

【设置字体大小】用于设置文字的大小，也可手动输入数值。

【消除锯齿】用于设置为文字消除锯齿，其中包括 4 种消除方法："锐利""犀利""浑厚" 和 "平滑"，当选择其中任意一种时，软件会通过填充边缘像素来产生边缘平滑的文字，使文字的边缘混合到背景中而看不到锯齿。

【对齐文本】根据输入文字时光标位置来设置对齐方式，包括三种对齐方式："左对齐文本""居中对齐文本" 和 "右对齐文本"。

【设置文本颜色】单击颜色块，可以在打开的 "拾色器" 中设置文字的颜色。

【创建变形文字】单击此按钮，可以在打开的 "文字变形" 对话框中为文本击此按钮，可以在打开的 "文字变形" 对话框中为文本添加变形样式，从而创建变形文字。

【显示/隐藏字符和段落面板▤】单击此按钮，可以显示或隐藏"字符"和"段落"面板。

6.2 字符与段落面板

在 Photoshop CS6 中无论是输入点文字还是段落文字，都可以使用"字符"和"段落"面板来指定文字的字体、大小、粗细、间距、基线移动和对齐等属性。

6.2.1 "字符"面板

"字符"面板相对于文本工具的选项栏，该面板的选项更为全面。默认设置下 Photoshop CS6 工作区域内不显示该面板，可以在"窗口"菜单下打开"字符"面板，其中"字体系列""字体样式""字体大小""文字颜色"和"消除锯齿"等与字体工具选项栏中的相应选项相同，以下介绍其他选项。

图6-3 字符面板

单击"窗口"菜单下的"字符"面板，如图 6-3 所示，可以对如下选项进行设置。

【设置行距▲】行距是指文本中各个文字行之间的垂直间距。可以在其下拉列表中选中想要设置的行距数值，也可手动输入数值。设置效果如图 6-4 所示。

行间距为12的文本

行间距为18的文本

图6-4 设置不同行间距的文字效果

【字距微调▨】用来调整两个字符之间的间距。

【字距调整▨】用来调整所有字符或所选字符的间距。

【比例间距▨】按指定的百分比值减少字符周围的空间，但字符本身不会发生变化。

【垂直缩放▊/水平缩放▊】"垂直缩放"用于调整字符的高度，"水平缩放"用于调整字符的宽度。两者数值相同时字体呈现等比例缩放，数值不同时呈现不等比缩放。

【基线偏移  】用来控制文字与基线的距离，输入正值时文字向上偏移，输入负值时文字向下偏移。设置效果如图 6-5 所示。

基线偏移值为-50　　　　　　　　　　　　　基线偏移值为-30

图 6-5　设置不同基线偏移值的文字效果

【特殊字体样式 　　　 】在此选项中提供了一排 T 状按钮，用来创建"仿粗体 T"可以将字体加粗，"仿斜体 T"可以将字体倾斜，"全部大写字母 TT"可以将小写字母转换为大写字母，"小型大写字母 Tt"可以将小写字母转换为小型大写字母，"上标 T""下标 T"可以将选中的文字设置为上标或下标效果，"下划线 T"可以为文字添加下划线，"删除线 T"可以为文字添加删除线。

【Open Type 　　　 】用来设置文字的各种特殊效果，其中包括花饰字、标准连字等 8 种效果。

【连字及拼写规则】可对所选字符进行有关连字符和拼写规则的语言设置。

6.2.2　"段落"面板

对于点文字来说，每一行就是一个单独的段落，而对于段落文字来说，由于定界框的不同大小，一段可能有多行。段落格式的设置主要通过"段落"面板来实现，"段落"面板不论是否选择文字都可以处理整个段落。

单击"窗口"菜单下的"段落"面板，如图 6-6 所示，可以对如下选项进行设置。

【文字对齐方式 　　　 】用来设置段落文字对齐的方式，可以将文字与段落的某个边缘对齐。其中从左至右分别为：左对齐文本、居中对齐文本、右对齐文本、最后一行左对齐、最后一行居中对齐、最后一行右对齐和全部对齐。不同对齐方式的效果如图 6-7 所示。

【段落缩进 　　　 】用来指定文字与定界框之间或与包含该文字的行之间的间距量。其中包括左缩进 0点 、右缩进 0点 和首行缩进 0点 。

图 6-6　段落面板

文本左对齐   文本居中对齐   文本右对齐

图6-7 设置不同对齐方式的文字效果

【段前或段后添加空格 】用来控制所选段落的间距。

【连字】连字符是在每一行末端断开的单词间添加的标记。在将文本强制对齐时，为了满足对齐的需要，会将某一段末端的单词断开至下一行，勾选此选项即可在断开的单词间显示连字标记。

6.3 艺术化文字

在平面设计作品中，文字的应用不仅仅局限在中规中矩的文本创建，为了更好地配合画面，创建更有个性和艺术气息的文字，在 Photoshop CS6 中可以使用相应的工具创建变形文字、路径文字和区域文字等形式多样的文字。

6.3.1 变形文字

对于已经创建的文字通过使用"变形文字"对话框中的相应设置可以使单调生硬的文字变得富有生机和活力，从而更具观赏性。

选择文字图层，右键单击"变形文字"，如图6-8所示，可以对如下选项进行设置。不同的设置效果如图6-9所示。

图6-8 "变形文字"对话框

旗帜样式、水平弯曲30%   扇形样式、垂直扭曲30%   膨胀样式、弯曲70%

图6-9 设置不同变形文字选项的文字效果

【样式】在该选项下拉选项中提供了 15 种变形式样。

【水平/垂直】用来控制文字扭曲的方向。

【弯曲】用来控制文字的弯曲程度。

【水平扭曲/垂直扭曲】用来控制文字透视扭曲的效果。

6.3.2　路径文字

路径文字是指创建在路径上的文字，文字会沿着路径排列，当改变路径的形状时，文字也会随之变化。图 6-10 所示为"文字工具"属性栏。

在 Photoshop CS6 中，若想创建路径文字，首先要创建一个路径，然后在该路径的基础上创建路径文字。以下通过实例讲解。

打开图像文件，选择"钢笔工具 ✐"，在工具选项中选择"路径"选项，绘制一条路径，如图 6-11 所示。

选择"横排文字工具 T."，设置字体、大小、颜色等。

图 6-10　"文字工具"属性栏

将光标放在路径上，此时输入文字即可沿着路径排列，如图 6-12 所示。

图 6-11　绘制路径

图 6-12　路径文字

6.3.3　区域文字

区域文字是指创建在闭合路径内的文字，闭合路径可以通过"自定义形状工具"或"钢笔工具"进行创建。

在 Photoshop CS6 中，若想创建区域文字，首先要创建一个闭合路径，然后在该闭合路径内创建区域文字。以下通过实例讲解。

打开图像文件，使用"自定义形状工具"，选择一个形状创建一闭合路径，如图 6-13 所示。

使用"横排文字工具"将光标移至闭合路径的内部输入文字，如图 6-14 所示。

图 6-13　创建闭合路径

最终效果，如图 6-15 所示。

图 6-14　输入文字　　　　　　　　　　　图 6-15　居中效果

6.4　实战案例

文字特效。

（1）打开素材文件。

（2）使用"横排文字工具"，打开"字符"面板，设置如图所示。

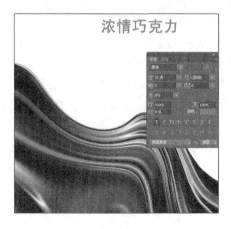

（3）双击"图层"面板，在打开的"图层样式"对话框中勾选"渐变叠加"，并设置相关参数。

（4）复制该文字图层，对复制图层进行斜切，缩放操作，并将图层"不透明度"设置为25%。

（5）选择"钢笔工具"，在工具选项中选择"路径"选项，绘制一条路径。

（6）选择"横排文字工具"，设置字体、大小、颜色等。将光标放在路径上，输入文字。

（7）选择"横排文字工具"，创建其余文字，并打开"变形文字"对话框设置部分文字的文字样式及弯曲度。

（8）打开"字符"面板，对部分文字进行字体、颜色、加粗和斜体参数的设置。并双击"图层"面板，在打开的"图层样式"对话框中勾选"描边"，并设置相关参数。

（9）设置完成后，观看最后效果。

7 Chapter

第 7 章
图层

图层是 Photoshop 的核心内容和"灵魂",图层为后期编辑和修改 Photoshop 作品提供了极大的方便。熟练掌握图层的相关操作能帮助用户更好地应用软件处理各类图像。

7.1 什么是图层

7.1.1 图层的原理

图层就如同堆叠在一起的透明纸，每一张纸（图层）上都保存着不同的图像，我们可以透过上面图层的透明区域看到下面图层的图像，如图 7-1 所示。

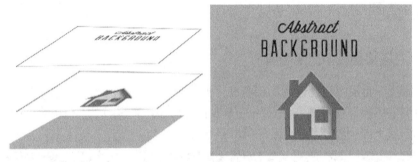

图 7-1　图层原理

图层承载了图像的全部信息，这些信息可以是整体或者部分图像，不同信息能分别置于不同的图层上，叠放后成为一个完整的图像。图像不仅可以重叠，还可以更改透明度，使相互重叠的图层中下层图层的图像显示出来，或是使用图层混合模式和样式等方法制作图像特殊效果。用户可以对各个图层单独进行编辑，也可以同时编辑多个图层，可以将多个图层合并以及在图层中添加文字，有很强的排版功能。

7.1.2 图层面板

"图层"面板用于排列图像中所有图层、图层组、蒙板和图层效果等。在图层面板中，可对图像所在图层的属性、如混合模式、不透明度、图层样式、图层蒙版、调整图层以及锁定状态等进行编辑，便于编辑处理图像时的操作，如图 7-2 所示。

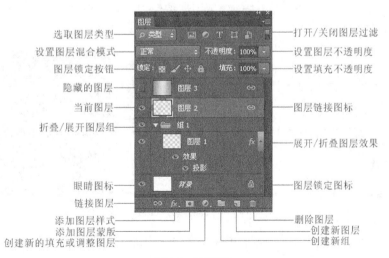

图 7-2　图层面板

要显示或隐藏图层面板，可执行"窗口>图层"命令。

7.1.3　图层的类型

Photoshop 的图层类型比较多，主要包括图像图层、调整图层、文字图层、形状图层及智能对象图层等。其中，图像图层又包括背景图层、透明图层和普通图层，智能对象图层则包括置入的普通位图、矢量图、音频、视频及三维场景文件等。

7.2　创建图层

7.2.1　在图层面板中创建图层

单击"图层"面板中的创建新图层按钮，即可在当前图层上面新建一个图层，新建图层会自动成为当前图层，如果想在当前图层下面新建图层，可以按住<Ctrl>键单击新建图层按钮。但背景图层下面不能创建图层，如图 7-3 所示。

图 7-3　图层面板中创建图层

7.2.2　用"新建"命令创建图层

如果想要创建图层并设置图层的属性，如名称、颜色和混合模式等，可执行"图层>新建>图层"命令，或按住<Alt>键单击创建新图层按钮，打开"新建图层"对话框进行设置，如图 7-4 所示。

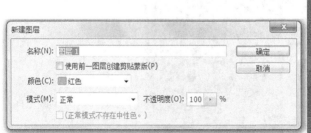

图 7-4　图层面板新建图层

在"颜色"下拉列表中选择一种颜色后，可以使用颜色标记图层，以便有效地区分不同用途的图层。

7.2.3　用"通过拷贝的图层"命令创建图层

如果在图像中创建了选区，执行"图层>新建>通过拷贝的图层"命令，或按<Ctrl+J>组合键，可以将选中的图像复制到一个新的图层中，原图层内容保持不变。如果没有创建选区，则执行该命令可以快速复制当前图层，如图 7-5 所示。

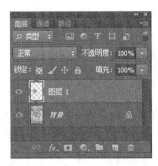

图 7-5　"通过拷贝的图层"创建图层

7.2.4　用"通过剪切的图层"命令创建图层

在图像中创建选区以后，执行"图层>新建>通过剪切的图层"命令，或按<Shift+Ctrl+J>组合键，可以将选中的图像从原图层中剪切到一个新的图层中，如图 7-6 所示。

图 7-6　"通过剪切的图层"创建图层

7.2.5　创建背景图层

当文档中没有"背景"图层时，选择一个图层，执行"图层>新建>背景图层"命令，可以将它转换为"背景"图层，如图 7-7 所示。

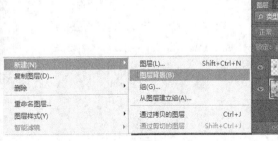

图 7-7　创建背景图层

7.2.6 将背景图层转换为普通图层

"背景"图层是比较特殊的图层，它永远在"图层"面板的最底层，不能调整堆叠顺序，并且不能设置不透明度、混合模式，也不能添加效果。要进行这些操作，需要先将"背景"图层转换为普通图层。

双击"背景"图层，在打开的"新建图层"对话框中为它输入一个名称，然后单击"确定"按钮，即可转换，如图 7-8 所示。

图 7-8 将背景图层转换为普通图层

7.3 图层基本操作

7.3.1 选择图层

在对图像进行编辑和修饰前，要选中相应的图层作为当前工作图层。在单击某一个图层之后按住<Shift>键单击另一个图层，即可选择两图层之间的所有图层。按住<Ctrl>键的同时单击图层，可以选择非连续的多个图层。

7.3.2 复制、重命名和删除图层

选中需要复制的图层，将其拖动到"创建新图层"按钮上，即可复制一个副本图层。复制图层可以避免因为失误造成的图像效果损失。同时，在复制出的副本图层名称上双击鼠标，图层名称即呈现可编辑状态，此时输入新的图层名称，按<Enter>确认即可重命名该图层。另外，对于不需要的图层，选中该图层并将其拖动到"删除图层"按钮上，即可删除该图层，如图 7-9 所示。

图 7-9 复制、删除、重命名图层

7.3.3　显示与隐藏图层

图层缩览图前面的眼睛图标用来控制图层的可见性。有该图标的图层为可见图层,无该图标的是隐藏的图层,如图 7-10 所示。

图 7-10　显示与隐藏图层

7.3.4　栅格化图层

如果要使用绘图工具和滤镜编辑文字图层、形状图层、矢量蒙版或智能对象等包含矢量元素数据的图层,需要先将其栅格化,让图层中的内容转化为光栅图像,然后才能够进行相应的编辑。选择需要栅格化的图层,单击鼠标右键选择栅格化图层即可,如图 7-11 所示。

图 7-11　栅格化图层

7.3.5　调整图层叠放顺序

图层的叠放顺序会直接影响图像效果,调整图层顺序最常用的方法是在图层面板中选中需要调整位置的图层,将其直接拖动到目标位置,出现灰色双线时释放鼠标即可,这是在同一个图像中调整图层叠放位置的方法。还有一种移动方法是在两个图像中移动图层:在图层面板中选中需要移动的图层,按住鼠标左键不放并将图层拖动到另一个图像文件上,当目标图像文件上出现小手图标时释放鼠标即可。

7.4 编辑图层

7.4.1　图层的链接和锁定

图层的链接是指将多个图层链接在一起，链接后可同时对已链接的多个图层进行移动、变换和复制操作。要链接图层，应在图层面板中选择两个或两个以上的图层，单击图层面板下方的"链接图层"按钮即可，如图 7-12 所示。

图 7-12　图层的链接与锁定

为了防止对图层进行一些错误操作，还可以将图层锁定。Photoshop 为用户提供了"锁定透明像素""锁定图像像素""锁定位置"和"锁定全部"4 种锁定方式，只要选择需要锁定的图层，然后在图层面板中单击相应的锁定按钮即可。如果想要解除锁定，只需要选择要解除锁定的图层，再次单击锁定按钮即可解锁。

7.4.2　图层的对齐

对齐图层是指将两个或两个以上的图层按一定规律进行对齐排列。在图层面板中选中需要对齐图层，执行"图层>对齐"命令，弹出相应的子菜单，在其中选择相应的对齐方式即可，如图 7-13 所示。各种对齐效果如图 7-14 和图 7-15 所示。

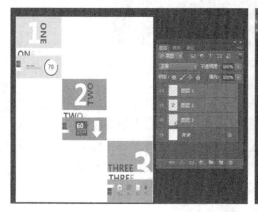
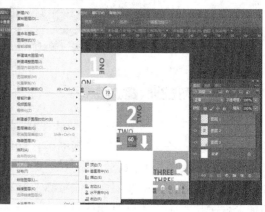

图 7-13　图层的对齐

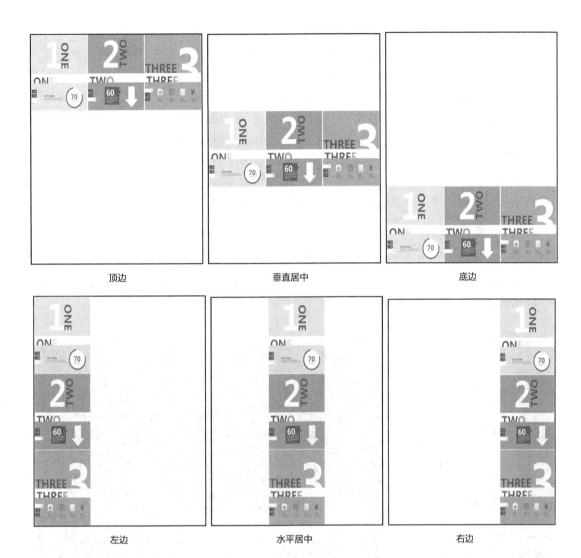

图 7-14　对齐效果（1）

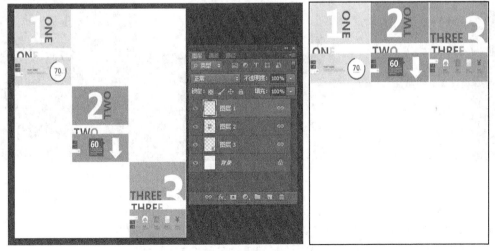

图 7-15　对齐结果（2）

【顶边】将选定图层上的顶端像素与所有选定图层上最顶端的像素对齐。

【垂直居中】将每个选定图层上的垂直中心像素与所有选定图层的垂直中心像素对齐。

【底边】将选定图层上的底端像素与选定图层上底端的像素对齐。

【左边】将选定图层上左端像素与最左端像素对齐。

【水平居中】将选定图层上的水平中心像素与所有选定图层的水平中心像素对齐。

【右边】将选定图层上的右端像素与所有选定图层上的最右端像素对齐。

如果将图层链接，然后单击其中的一个则会以该图层为基准进行对齐。

在"移动工具"属性栏中提供了对齐按钮 ，选中两个或两个以上的图层即可激活这些按钮，单击相应的按钮即可快速对图层进行对齐。

7.4.3　图层的分布

分布图层是指将三个以上的图层按一定规律在图像窗口中进行分布。在图层面板中选中图层后执行"图层>分布"命令，在弹出的子菜单中选择所需的分布方式即可，如图 7-16 所示。图 7-17 所示为分布效果。

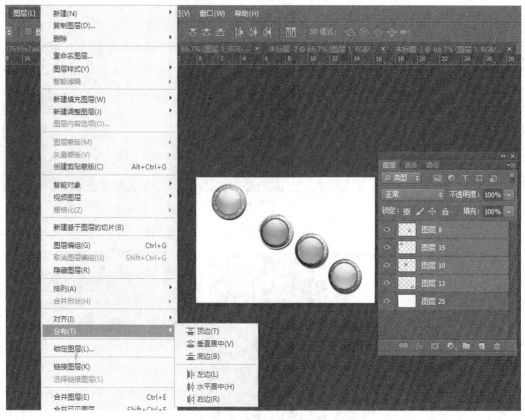

图 7-16　图层的分布

【顶边】从每个图层的顶端像素开始，间隔均匀地分布图层。

【垂直居中】从每个图层的垂直中心像素开始，间隔均匀地分布图层。

【底边】从每个图层的底端像素开始，间隔均匀地分布图层。

图 7-17　水平分布与垂直分布

【左边】从每个图层的左端像素开始，间隔均匀地分布图层。

【水平居中】从每个图层的水平中心开始，间隔均匀地分布图层。

【右边】从每个图层的右端像素开始，间隔均匀地分布图层。

在"移动工具"属性栏中提供了分布按钮 ，选中两个或两个以上的图层即可激活这些按钮，单击相应的按钮即可快速对图层进行分布。

7.4.4　合并图层

合并图层就是将两个或两个以上图层中的图像合并到一个图层上。在处理复杂图像时会产生大量的图层，此时可根据需要对图层进行合并，从而减少图层的数量以便操作。

合并图层有以下三种方式。

1. 向下合并图层

将当前图层与其下方紧邻的第一个图层进行合并，执行"图层>合并图层"命令或按<Ctrl+E>组合键，即可向下合并图层，如图 7-18 所示。

图 7-18　合并图层（1）

2. 合并可见图层

将图层中所有可见的图层合并到一个图层中，而隐藏的图层则保持不动，执行"图层>合并可见图层"命令或按<Shift+Ctrl+E>组合键即可，如图 7-19 所示。

3. 拼合图像

将所有可见图层拼合为背景图层，同时丢弃隐藏的图层，执行"图层>拼合图像"命令或单击图层面板右上角的叠放按钮，在弹出的菜单中执行"拼合图像"命令即可。

图 7-19　合并图层（2）

7.4.5　盖印图层

　　盖印图层功能和合并图层功能相似，不过比合并图层更实用。盖印图层是将之前对图像进行处理后的效果以图层的形式复制在一个新的图层上，便于继续进行编辑，这种方式极大地方便了用户操作，同时也节省了时间。一般情况下，选择位于图层面板顶端的图层，并按<Shift+Ctrl+Alt+E>组合键即可盖印所有图层，此时在图层面板中会自动生成盖印图层，如图 7-20 所示。

图 7-20　盖印图层

7.5　图层的混合模式

　　混合模式用于指定图层的叠加方法，并且除图层之外，画笔类的"钢笔工具"等也可指定混合模式。混合模式是根据上层图像和下层图像的各通道颜色及亮度等信息进行计算的结果。应用图层的混合模式，可将下层图层透视可见，并且呈现特殊效果。

7.5.1　无混合的正常模式

　　上层图像与下层图像无像素混合的模式叫作正常混合，如图 7-21 所示。"正常"模式是默认的也是最常见的混合模式。从操作角度来说，正常模式是用混合色来替换基色的一个过程。在处理位图图像或索引颜色图像时，正常模式也成为阈值。

图 7-21　正常效果

7.5.2　产生颗粒的溶解模式

溶解模式是通过编辑或绘制每个像素，使其成为结果色。图中通过添加一个白色背景的混合色，应用溶解模式并适当降低图层的不透明度呈现溶解效果，结果色大致呈颗粒状，由基色或混合色的像素随机替换。当逐步增强不透明度时，结果色逐步被混合色替换，如图 7-22 所示。

图 7-22　溶解效果

要想看出溶解效果，就必须使图层出现半透明，这是必备条件，否则溶解和正常就没有区别了。

7.5.3　加深型混合模式

加深型混合模式包括"变暗""正片叠底""颜色加深""线性加深"和"深色"模式，主要用于查看通道中的颜色信息，并将基本色和混合色进行混合以加深图像，从而呈现特殊的色调效果，如图 7-23 所示。

正常　　　　　　　　　变暗　　　　　　　　　正片叠底

颜色加深　　　　　　　线性加深　　　　　　　深色

图 7-23　加深型混合模式（1）

【变暗】基于各通道的颜色信息，将底图颜色或绘图色中较暗的一方作为最终色。

【正片叠底】基于各通道的颜色信息，在底图颜色上叠加绘图色。类似将底片重叠的感觉，变为暗色。白色即使进行正片叠底也不发生变化。

【颜色加深】基于各通道的颜色信息，调暗底图的颜色，强化对比度，反映出绘图色。

【线性加深】基于各通道的颜色信息，调暗底图颜色，降低亮度，反映出绘图色。

【深色】比较绘图色和底图颜色的全部通道值的合计，显示数值较低的颜色。

下面再来观察加深型混合模式对黑白灰的影响，如图 7-24 和图 7-25 所示。

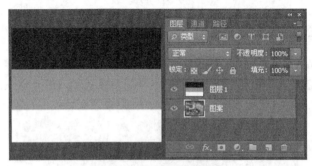

图 7-24　正常模式下效果

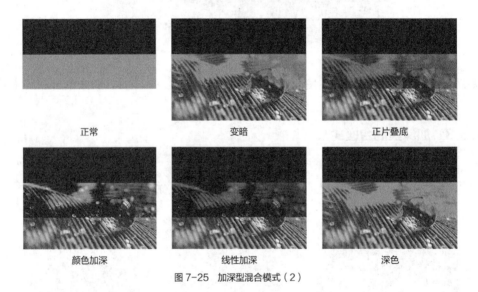

图 7-25　加深型混合模式（2）

不难看出，加深型混合模式对黑白灰的整体规律是：保留黑色，隐藏白色，灰色成为半透明，概括起来讲，变暗组混合模式的总体规律就是留黑不留白。

加深型混合模式中，效果最好的混合模式是"正片叠底"。

7.5.4　减淡型混合模式

减淡型混合模式与加深型混合模式相对应，其中包括"变亮""滤色""颜色减淡""线性减淡（添加）"和"浅色"模式，主要通过查看通道中的颜色信息，并将基本色和混合色进行混合减淡图像，从而调整特殊的色调效果，如图 7-26 所示。

【变亮】基于各通道的颜色信息，将底图颜色或合成色中较明亮的一种作为最终色。

【滤色】基于各通道的颜色信息，将绘图色和底图颜色进行反色得到的颜色施加正片叠底。类似于将幻灯片重叠进行投影的感觉。黑色即使进行滤色也不发生改变。

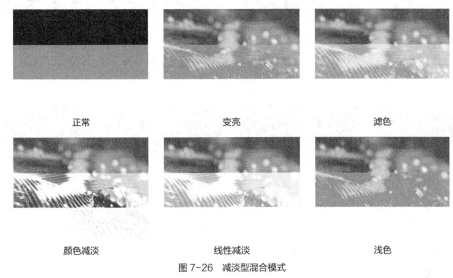

图 7-26　减淡型混合模式

【颜色减淡】通过减弱图像中的颜色对比度，使基色变亮以反映混合色。和黑色混合后颜色保持不变。

【线性减淡（添加）】通过增强图像中颜色的亮度，使基色变亮以反映混合色。和黑色混合后颜色保持不变。

【浅色】主要以混合色为主，应用浅色模式会将亮度较高的颜色和基色混合。当混合色为白色时，基色无论是什么颜色，使用该混合模式的图像中均不会产生混合的效果。但如果混合色为黑色时，使用该混合模式的图像中则会产生混合的效果。

减淡型混合模式对黑白灰的整体规律是：保留白色，隐藏黑色，灰色成为半透明，概括起来讲，减淡型混合模式的总体规律就是留白不留黑。

减淡型混合模式中最优秀的混合模式是"滤色"，"正片叠底"和"滤色"是一对相反的混合模式。

7.5.5　对比型混合模式

对比型混合模式包括"叠加""柔光""强光""亮光""线性光""点光"和"实色"混合模式。其中最为常用的是"叠加"和"柔光"模式，如图 7-27 所示。

【叠加】对颜色进行正片叠底或过滤，具体效果取决于基色。图案或颜色在现有像素上叠加，同时保留基色的明暗对比。不替换基色，但基色与混合色相混以反映原色的亮度或暗度。该模式可以看成是变暗和变亮的组合模式。

【柔光】这是所有对比型混合模式中混合效果最为柔和的，它使颜色变暗或者变亮，图像的具体变化取决于混合色的效果。此效果与发散的聚光灯照在图像上的效果相似。

【强光】对颜色进行正片叠底或过滤，分别增强图像的亮部和暗部，具体取决于混合色。此效果与耀眼的聚光灯照在图像上的效果相似，可以很好地在图像中添加高光或者添加阴影。

【亮光】通过增大或者减小图像中的对比度来加深或减淡颜色，具体效果取决于混合色。如果混合色（光源）比 50% 灰色亮，则通过减小对比度使图像变亮。如果混合色比 50% 灰色暗，则通过增大对比度使图像变暗。

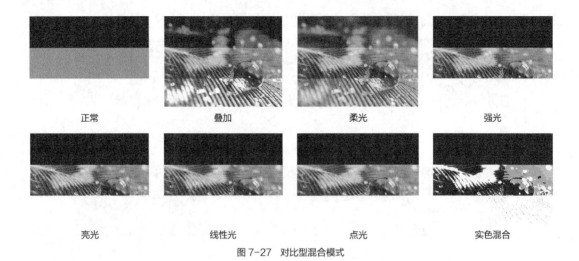

| 正常 | 叠加 | 柔光 | 强光 |
| 亮光 | 线性光 | 点光 | 实色混合 |

图 7-27　对比型混合模式

【线性光】通过减小或增大亮度来加深或减淡颜色，具体效果取决于混合色。如果混合色（光源）比 50%灰色亮，则通过增大亮度使图像变亮。如果混合色比 50%灰色暗，则通过减小亮度使图像变暗。

【点光】根据混合色替换颜色。如果混合色（光源）比 50%的灰色亮，则替换比混合色暗的像素，而不改变比混合色亮的像素。如果混合色比 50%的灰色暗，则替换比混合色亮的像素，而比混合色暗的像素将保持不变。

【实色混合】将混合颜色的红色、绿色和蓝色通道值添加到基色的 RGB 值，得到实色混合效果。

可以看出，除了实色混合模式外，其余 6 个混合模式的混合结果都是隐藏灰色，而保留黑色和白色（"柔光"和"叠加"虽然没有完全保留黑色和白色，但是黑色和白色区域的对比度变了）。

所以，对比型混合模式的基本规律是：黑白都能留，就是不留灰。

相比而言，对比度组中的"柔光"和"叠加"混合模式是比较优秀的，在实际工作中会经常用到这两个混合模式，再加上加深型中的"正片叠底"和减淡组的"滤色"，就构成了使用频率最高的几个混合模式。

7.5.6　比较型混合模式

比较型混合模式包括"差值""排除""减去"和"划分"模式。这类模式能够比较基色和混合色，在结果色中将相同的图像区域显示为黑色，不同的图像区域则以灰度或者彩色图像显示。与学习前面的混合模式方法一样，也要通过其混合的结果来找出其中的一些基本规律，如图 7-28 所示。

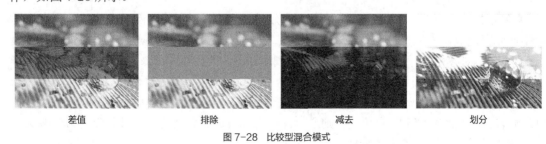

| 差值 | 排除 | 减去 | 划分 |

图 7-28　比较型混合模式

可以看出，在差值和排除两个混合模式中，对黑色和白色执行混合结果是相同的，即黑色部分被隐藏（透明），白色部分对应于下层的图像却成反相状态显示。对于灰色部分混合的结果，二者有所不同，"差值"中对应的灰色部分出现了反相效果，而"排除"中对应的灰色却仍然是灰色。而"减去"和"划分"正好相反，"减去"混合模式中对应的黑色部分呈透明状态显示，白色部分却呈黑色状态显示，"划分"混合模式中对应的黑色部分呈白色状态显示，白色部分却呈透明状态显示，并且二者对应于灰色部分所混合的结果也是相反的。

灰色越暗（倾向于黑色时），"减去"混合模式中的灰色越倾向于透明，"划分"混合模式中的灰色则是越倾向于白色（变亮）；灰色越亮（倾向于白色时），"减去"混合模式中的灰色越倾向于黑色（变暗），而"划分"混合模式中的灰色则是越倾向于透明。

7.5.7　色彩型混合模式

两个图层叠加，对上方图层应用色彩型混合模式，得到的混合结果有如下规律。

色相混合模式：保留上层的色相（H）和下层的饱和度（S）、亮度（B）。

饱和度混合模式：保留上层的饱和度（S）和下层的色相（H）、亮度（B）。

明度混合模式：保留上层的亮度（B）和下层的饱和度（S）、色相（S）。

颜色混合模式：保留上层的饱和度（S）、色相（S）和下层的亮度（B）。

下面通过图 7-29 的实例来看一下应用后的效果。

色相　　　　　　　　　　饱和度　　　　　　　　　　颜色　　　　　　　　　　明度

图 7-29　色彩型混合模式

7.6　图层样式

通过使用图层样式，可在不降低画质的情况下方便地在图层中添加特殊效果。通过"投影"图层样式可在图像中添加阴影，通过"斜面和浮雕"图层样式可增加立体效果，通过其他图层样式还可增加各种各样的色彩效果和特殊效果。

图层样式基本上可用于所有的图层，但较少用于整个画面的图像。这是因为在整个画面图像中添加后看不到投影效果。在文本图层及形状图层等剪切图像中使用效果最佳。

7.6.1　添加图层样式

添加图层样式的方法可分为两种，一种是通过"图层"菜单选择图层样式，另一种是通过"图层"面板进行选择。单击"图层"面板中的"添加图层样式"按钮即可弹出图层样式菜单，如图 7-30 所示。此方法最为简单。

图 7-30　添加图层样式

7.6.2　投影

由于其他效果中的参数设置与"投影"中的参数设置基本相似，现以"投影"效果中各个参数的设置为例进行详细讲解。

从该菜单中选择要使用的样式，则可打开"图层样式"对话框，如图 7-31 所示。

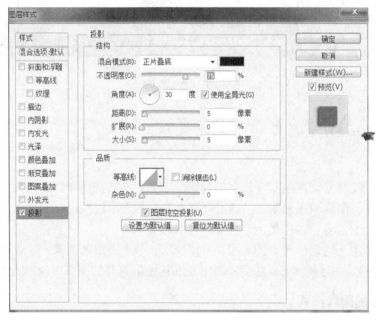

图 7-31　图层样式对话框

【设置投影的颜色】

单击混合模式右侧的矩形块，就可以设置投影的颜色了，一般情况下，所设置的投影颜色都是黑色的。

【设置投影的不透明度】

投影等效果中的不透明度只能改变效果本身的不透明度。

【设置投影的角度】

投影角度是灯光的角度。有光才有影，如果将角度设置为 120（即左上方），那么投影应该位于-60（即右下方），如图 7-32 所示。

"使用全局光"复选框，若果选择该复选框，则只要改变一个投影角度，就会影响所有选择"使用全局光"的投影角度。

【投影距离】

"距离"数值越大，则图层距离投影越远，距离设置的要恰到好处，否则投影效果会失真，如图 7-33 所示。

角度=120 度　　　　　　角度=-120 度

图 7-32　投影角度

距离=7　　　　　　　　角度=38　　　　　　　　角度=78

图 7-33　投影距离

【设置投影的大小】

投影的"大小"就是前面所学过的羽化效果，或者会是一种模糊效果，该参数主要控制投影的边缘过渡是否自然。数值越大，则羽化效果越明显。

【扩展投影】

"扩展"参数必须在设置了"大小"参数的基础上才能看出效果，如果将"大小"设置为 0，也就是投影边缘非常清晰，则"扩展"参数无论设置多大，投影也不会有任何变化。

【投影添加杂色】

给投影添加杂色与选择"滤镜>杂色>添加杂色"命令的杂色效果非常相似，只不过此处的杂色只是添加在投影范围之内罢了。

【使用等高线调节投影】

等高线实际上就是"图像>调整>曲线"命令，可以使用预设的等高线，也可以自定义等高线。在"等高线编辑器"对话框中，添加锚点的方法是将鼠标指针放在斜线上并单击，删除锚点的方法是选择锚点并将其拖曳至对话框之外，移动锚点的方法是直接使用鼠标拖曳。将曲线向上拖曳可以加深（变暗）阴影，向下拖曳曲线则可以减淡（变亮）阴影。

【图层挖空投影】

"图层挖空投影"必须具备两个条件，一个是图层填充范围必须和投影有相交的区域，二是必须将填充不透明度设置为小于 100%。

如果想将自己设置的投影参数作为以后的默认参数设置，则可以单击下方的"设置为默认值"按钮。当要恢复这个默认值时，只需单击"复位默认值"按钮就可以了。

7.6.3 内阴影

内阴影与投影在参数设置上也是基本相同的，只是在投影效果中称为"扩展"的参数，在内阴影效果中改成了"阻塞"，如图7-34所示。另外，内阴影中的"角度"虽然也是指光源的角度，但是内阴影的方向却和光源的方向保持一致，即光源位于120度，内阴影也位于120度，这一点和投影不同，如果光源角度也是120度，则投影的角度应该在-60度，二者正好相反。

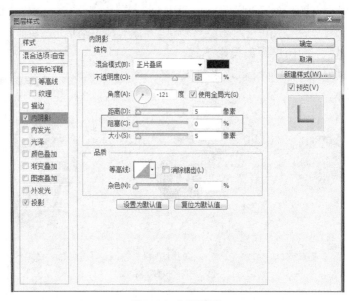

图7-34 内阴影设置

7.6.4 内发光和外发光

"发光"和"阴影"有所不同，光的颜色不但可以设置为单色还可以设置成渐变色，而"投影"和"内阴影"不能设置渐变色。内发光光源的位置有"居中"和"边缘"两类，而外发光并无此选项，因为外发光只能从图层填充范围的边缘向外发光，如图7-35所示。

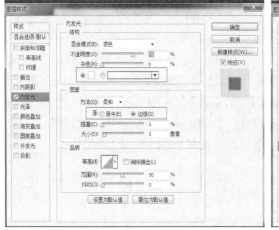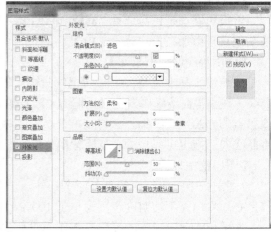

图7-35 内发光和外发光设置

7.6.5　斜面和浮雕

"斜面"和"浮雕"能够制作形形色色的三维图像效果,但是"斜面"和"浮雕"也是所有效果中参数设置最多、最复杂的一个效果,如图 7-36 所示。"斜面"和"浮雕"是将"投影""内阴影""外发光"和"内发光"4 个效果综合应用,充分利用了光和影的关系来表现出图像表面的明暗变化,从而呈现出三维立体效果。下面对部分参数详细讲解。

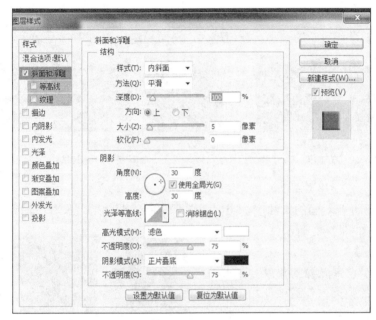

图 7-36　斜面和浮雕设置

【样式】

"样式"包含内斜面、外斜面、浮雕效果、枕状浮雕和描边浮雕 5 种样式,具体效果如图 7-37 所示。

内斜面　　　　外斜面　　　　浮雕效果　　　枕状浮雕

图 7-37　样式效果

【方法】

"方法"用于控制斜面的细节,主要包括平滑、雕刻清晰和雕刻柔和 3 类。平滑所保留的斜面细节最少,雕刻柔和保留的斜面细节最多。如图 7-38 所示。

【深度】

"深度"用于控制阴影区域的强度,深度越大,则三维效果越强。如图 7-39 所示。

【方向】

"方向"用于控制斜面的方向,有"上"和"下"两种方向,实际上相当于灯光所在的位置。如图 7-40 所示。

平滑　　　　　雕刻清晰　　　　雕刻柔和　　　　深度=50　　　　深度=300　　　深度=1000

图 7-38　方法效果　　　　　　　　　　　　　　　　　图 7-39　深度效果

【大小】

"大小"用于设置斜面的大小，数值越大，斜面越宽。如图 7-41 所示。

方向：上　　　　方向：下　　　　大小=1　　　　　大小=7　　　　　大小=250

图 7-40　方向效果　　　　　　　　　　　　　图 7-41　大小效果

【软化】

"软化"用于设置斜面的柔和度，类似于选区中的"羽化"效果和"滤镜>模糊>高斯模糊"滤镜效果。如图 7-42 所示。

【角度和高度】

"角度"用于设置光源的角度，光源可以在一个 360°的圆周内任意改变角度数值（−180°～180°）。

软化=0　　　　　软化=10　　　　　软化=16

图 7-42　软化效果

"高度"是指光源的高度，可以在 0°～90°的范围内任意改变高度。一般情况下，将角度设置为 120°，将高度设置为 30°即可。

【两类等高线】

"两类等高线"分别指"光泽等高线"和"斜面等高线"，用法与投影等高线相同。"光泽等高线"主要控制斜面光影分布情况，而"斜面等高线"则主要控制斜面的凹凸情况。

【纹理】

主要用于控制"斜面和浮雕"中的凹凸效果。

7.6.6　光泽

"光泽"主要用于控制表面光影的分布情况，侧重于表现图像表面的一种质感。

7.6.7　填充和描边效果

"颜色叠加""渐变叠加""图案叠加"和"描边"效果与在选区中学到的"填充"和"描边选区"是一样的，唯一的区别在于使用图层样式设置的可以修改效果，而用"选区"填充和"描边"是不能修改的。同时图层样式中的描边效果比选区的描边效果强大，可以使用渐变色和图案直接描边，使用渐变色描边时，还多了一个"迸发状"渐变色样式。如图 7-43 所示。

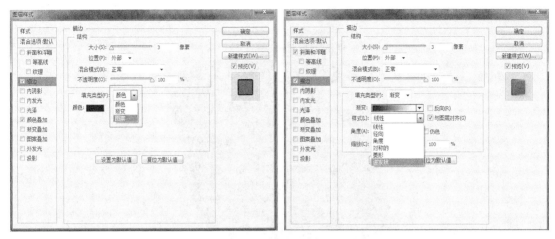

图 7-43　填充和描边效果

7.7　实战案例

绘制浮雕图案。

（1）打开素材，新建图层，使用自定义图案工具绘制浮雕图案，将图案中部使用选取将图案删除，使用图文字工具输入"2014DIARY"，命名为"浮雕"图层。

（2）使用自由变换命令，按<Ctrl+T>组合键，按住<Ctrl>键将浮雕图层处理成合适的规格。

（3）选区调出，如图所示，再单击"笔记本"图层红 u 箭头所示位置，按<Ctrl+C>组合键，复制笔记本图层的像素，按<Ctrl+V>组合键复制出新图层"图层 1"，将"浮雕"图层删除即可。

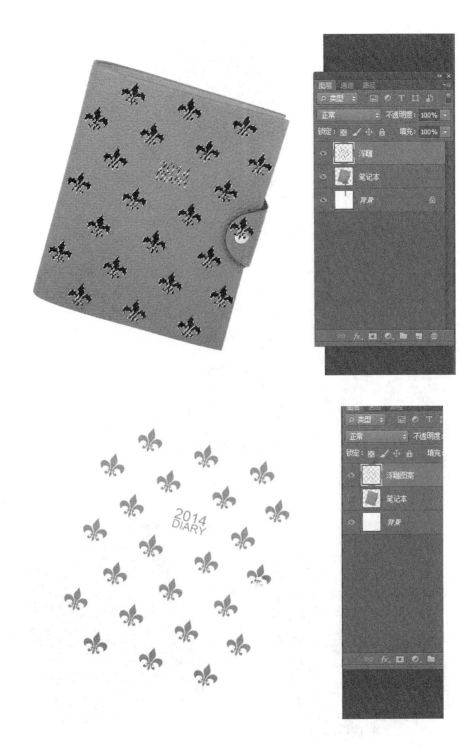

（4）单击"浮雕图案"图层，添加图层样式。单击"添加图层样式"按钮，在下拉菜单中选择"斜面和浮雕"，具体参数设置如下图所示。

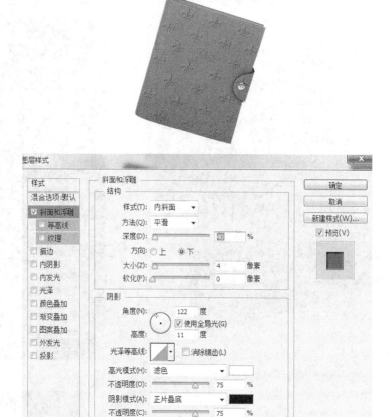

（5）使用多边形套索工具将多余的部分删除。

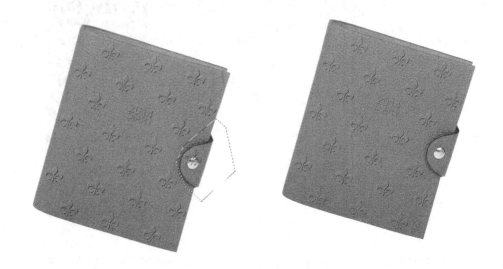

8 Chapter

第 8 章
滤镜

    滤镜就如同摄影师在照相机镜头前安装的各种特殊镜片一样，Photoshop 将这种特殊镜头的理念延伸到图像处理技术中，进而产生了"滤镜"这一核心处理技术，在很大程度上丰富了图像效果，使一张普通的图像变得更加生动。

8.1 滤镜概述

使用滤镜可以对图像或者对象自动添加效果。除了 Photoshop CS6 自带的众多滤镜效果之外，第三方开发的滤镜也可以插件的形式安装在"滤镜"菜单下。此类滤镜种类繁多，极大地丰富了软件的图像处理功能。

8.1.1 滤镜的分类

滤镜的种类繁多，不容易了解，因此为了让用户们能够更清晰简练地了解滤镜，在此将滤镜进行归类。从滤镜的功能和效果而言，它大致可分为校正滤镜和破坏性滤镜两大类。

1. 校正滤镜

校正滤镜是对图像做细微的调整和矫正，处理后的效果很微妙，常作为基本的图像润饰命令使用。常见的有：模糊滤镜组、锐化滤镜组、视频滤镜组、杂色滤镜组等。

2. 破坏性滤镜

除了上述几组校正滤镜外，其他的均属于破坏性滤镜。破坏性滤镜通常是为了创建特殊的艺术效果，因此对图像的改变也十分明显，所以使用时要注意，如果使用不当将使得原图像面目全非。

Photoshop 中包含的所有滤镜都放置在"滤镜"菜单中。这些滤镜都归类在各自的滤镜组中，如果按照安装的属性分类的话，可以分为如下三类。

1. 内阙滤镜

内阙滤镜指的是嵌于 Photoshop 程序内部的滤镜，他们不能被删除，即使删除了，在 Photoshop 目录下这些滤镜依然存在。

2. 内置滤镜

内置滤镜是 Photoshop 程序自带的滤镜，安装时 Photoshop 程序会自动安装到指定的目录下。

3. 外挂滤镜

外挂滤镜就是通常所称的第三方滤镜，由第三方厂商开发研制的程序插件，可以作为增效工具使用。他们品种繁多、功能强大，为用户提供更多的方便。

8.1.2 滤镜使用时要注意的问题

影响滤镜效果的因素有很多，主要包括图像的属性、像素的大小等。值得注意的是，不是所有的图像都可以添加滤镜，使用滤镜时应注意以下问题。

（1）如果当前图像中有选区，则滤镜只对选区内的图像作用。如果没有选区，滤镜将作用在整个图像上。如果当前的选择为某一层、某一色彩通道或 Alpha 通道，滤镜只对当前的图层或通道起作用。

（2）位图是由像素点构成的，滤镜的处理也是以像素为单位，所以滤镜的处理效果与图像分辨率有关。即使是同一幅图像，如果分辨率不同，处理的效果也会不同。

（3）对于 8 位/通道的图像，可以应用所有的滤镜。16 位图像可以应用部分滤镜。32 位图像只可以应用少数滤镜。不同的颜色模式也会有不同的滤镜可用，有些模式下的部分滤镜是不能使用的。

（4）有些滤镜完全在内存中处理，如果可用于处理滤镜效果的内存不够，系统会弹出提示对话框。

8.1.3　提高滤镜的运行速度

Photoshop 新版本对系统的要求比较高，可以通过以下几种方法来加快系统运行的速度，进一步提升工作效率。

（1）更改内存使用量：增加 Photoshop 的内存使用量，可以加快滤镜的运行速度。执行"编辑>首选项>性能"命令，根据"内存使用情况"选项组中提示的内存状态设置内存的大小。

（2）增加更多的暂存盘：如果系统没有足够的内存来执行某个滤镜的操作，Photoshop 将使用暂存盘来辅助提升运算速度。

（3）使用"清理"命令：执行"编辑>清理"命令中的子命令，将剪贴板和历史记录占内存的内容清除掉，因为当内存中的信息量太大时，也会导致 Photoshop 的性能受到明显的影响。

（4）在局部图像上查看滤镜效果：如果要处理的图像分辨率很大，可通过在局部图像上预览添加的滤镜效果；如果效果合适再对整个图像应用相同的滤镜设置，以减轻系统运行的压力。

8.2　滤镜的应用规则

Photoshop CS6 为用户提供了上百种滤镜，包括 5 个独立滤镜、1 个滤镜库和 9 个滤镜组，都放置在"滤镜"菜单中，而且各有不同的作用。

8.2.1　使用滤镜

要使用滤镜，首先要在文档窗口中指定要应用滤镜的文档或图像区域，然后执行"滤镜"菜单中的相关滤镜命令，打开当前滤镜对话框，对该滤镜进行参数的调整，最后确认即可应用滤镜。

使用"历史记录"面板配合"历史记录画笔工具"可以对图像的局部应用滤镜效果。当打开相关的滤镜对话框时，如果不想应用该滤镜效果，可以按<Esc>键关闭当前对话框。如果已经应用了滤镜，可以按<Ctrl+Z>组合键撤销当前的滤镜操作。

8.2.2　重复滤镜

当执行完一个滤镜操作后，在"滤镜"菜单的第 1 行将出现刚才使用的滤镜名称，选择该命令或按<Ctrl+F>组合键，可以以相同的参数再次应用该滤镜。如果按<Alt+Ctrl+F>组合键，则会重新打开上一次执行的滤镜对话框。

一个图像可以应用多个滤镜，但应用滤镜的顺序不同，产生的效果也会不同。

8.2.3　复位滤镜

在滤镜对话框中，经过修改后，如果想复位当前滤镜到打开时的设置，可以按住<Alt

键，此时该对话框中的"取消"按钮将变成"复位"按钮，单击该按钮可以将滤镜参数恢复
到打开该对话框时的状态。

8.2.4　滤镜效果预览

在所有打开的"滤镜"对话框中，都有相同的预览设置。比如执行菜单栏中的"滤镜>
模糊>高斯模糊"命令，打开"高斯模糊"对话框，
如图 8-1 所示。

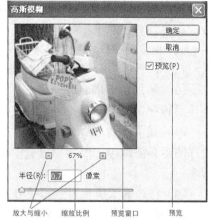

【预览窗口】：在该窗口中，可以看到图像应用滤
镜后的效果，以便及时的调整滤镜参数，达到满意效
果。当图像的显示大于预览窗口时，在预览窗口中拖
动鼠标，可以移动图像的预览位置，以查看不同位置
的图像效果。

【放大与缩小】单击"+"按钮，可以放大预览窗
口中图像显示区域。单击"-"按钮，可以缩小预览
窗口中图像显示区域。

【缩放比例】显示当前图像的缩放比例值。当单
击"缩小"或"放大"按钮时，该值将随之变化。

图 8-1　高斯模糊对话框

【预览】选中该复选框，可以在当前图像文档中查看滤镜的应用效果，如果取消该复选
框，则只能在对话框中的预览窗口中查看滤镜效果，当前图像文档中没有任何变化。

8.3　独立滤镜组

8.3.1　智能滤镜

转换为智能滤镜为创建滤镜效果提供了很大的方便。它可以在添加滤镜的同时，保留图
像的原始状态不被破坏。添加的滤镜就像是添加图层样式一样，将其存储在"图层"面板中，
并且可以重新将其调出并修改参数。

在执行"滤镜"命令之前，首先执行"滤镜>转化为智能滤镜"命令，在当前的图层缩
览图中会出现智能对象图标，然后就可以为图像添加滤镜效果了，如图 8-2 所示。

图 8-2　将图层转化为智能滤镜

1.　修改智能滤镜效果

　　如果添加的是普通滤镜，关闭滤镜对话框后，就无法继续调整参数。而在智能滤镜状态下添加的滤镜效果可以反复进行参数的设置。在添加的滤镜效果名称上双击，重新打开所对应的滤镜对话框。重新设定参数，修改添加的滤镜效果，如图 8-3 所示。

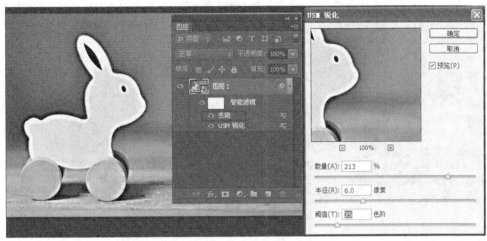

图 8-3　修改智能滤镜效果

2.　显示和隐藏智能滤镜

　　单击智能滤镜图层前面的"眼睛"图标，可隐藏或显示添加的滤镜效果，作用是可以方便地对比添加滤镜后的图像与原始图像之间的效果。若单击单个滤镜前的"眼睛"图标，可隐藏或显示单个滤镜，如图 8-4 所示。

图 8-4　隐藏当前滤镜效果

3.　删除和改变智能滤镜

　　用户对某个滤镜不满意或者不再需要的时候，可以对滤镜效果进行删除或者改变。方法是：拖动"智能滤镜"图层或者是单个滤镜效果至"删除图层"按钮处，将添加的所有滤镜或者选择的滤镜效果删除。

　　要想改变图像的整体效果，还可以通过改变智能滤镜效果的上下顺序来实现。只要单击并拖动某个滤镜效果，改变排列顺序即可。

4. 编辑滤镜混合选项

在"图层"面板中，双击滤镜名称右侧的图标，可打开"混合选项"对话框，如图 8-5 所示。在该对话框中，选择"模式"下拉列表中的一种混合模式，以改变当前滤镜与下面滤镜或者图像的混合效果。还可以设置"不透明度"参数值，用来改变使用的滤镜效果应用到图像中的强度。

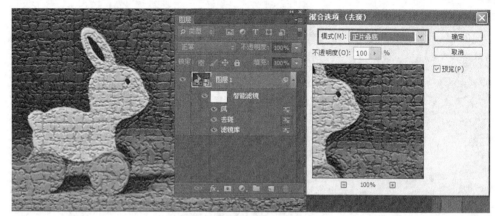

图 8-5　编辑当前滤镜的混合选项

5. 编辑滤镜蒙版

滤镜蒙版是用来控制滤镜的使用范围的，单击滤镜效果蒙版缩略图，使其进入编辑状态，即可像编辑图层蒙版一样进行操作。滤镜蒙版能够作用于整个滤镜效果，而每个滤镜效果图层下不能单独添加蒙版，如图 8-6 所示。

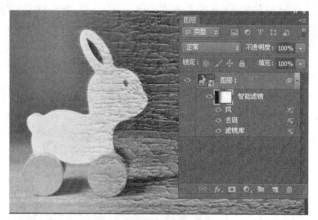

图 8-6　编辑当前图层的滤镜蒙版

8.3.2　自适应广角滤镜

自适应广角滤镜是 Photoshop CS6 新增的一个拥有独立界面和独立处理过程的滤镜，可以对超广角镜头拍摄出的图像扭曲问题进行纠正，如图 8-7 所示。

图 8-8 所示为"自适应广角"对话框。

【约束工具】用此工具单击图像或拖动端点可添加或编辑约束点。

【多边形约束工具】用此工具单击图像或拖动端点可添加或编辑多边形约束点。单击初始起点可结束约束，当闭合多边形约束时，图像将沿着约束点位置校正图像。按住<Alt>键单击可删除约束点。

图 8-7　海平面纠正前后对比图

图 8-8　"自适应广角"对话框

【移动工具】多用于移动图像。

【显示效果复选框】勾选"显示约束"复选框可显示约束效果，勾选"显示网格"复选框可显示网格效果，勾选"预览"复选框将显示出图像更改设置的效果。

【"校正"选项组】在其中可设置图像投影模式，并可设置图像的缩放、焦距和裁剪因子等参数设置。

8.3.3　镜头校正滤镜

镜头校正滤镜可以修复常见的镜头瑕疵，如桶形和枕形失真、晕影和色差等。桶形失真和枕形失真会导致直线向外侧或向内侧弯曲。晕影效果是图像的边缘会暗于图像的中心。色差是画面边缘会有一圈色边。这些都是由于镜头对不同颜色的光进行对焦导致的，用镜头校正滤镜就可以修正这些问题，如图 8-9 所示。

图 8-9　镜头校正前后对比图

8.3.4　液化滤镜

　　液化滤镜可以扭曲图像进行变形处理。将图片看作是一个液态对象，对其进行推拉、旋转、收缩和膨胀等各种变形操作。液化滤镜是强大的修饰图像和创建艺术效果的工具，可以制作出火焰、云彩、波浪等各种效果，如图 8-10 所示。

图 8-10　原图与变形效果、旋转扭曲效果和膨胀效果对比图

　　图 8-11 所示为"液化"对话框。

图 8-11　液化对话框

【向前变形工具】使用该工具在图像中拖动，可以将图像向一个方向进行推拉变形。使用此工具如果一次拖动不能达到满意的效果，可以多次单击或拖动来修改以达到目的。

【重建工具】通过拖动变形部分的方式，可将图像恢复为原始状态。

【旋转扭曲工具】使用该工具在图像上按住鼠标不动或拖动鼠标，可以将图像进行顺时针变形；如果在按住鼠标不动或拖动鼠标变形时，按住<Alt>键，则可以将图像进行逆时针变形。

【褶皱工具】使用该工具在图像上按住鼠标不动或拖动鼠标，可以使图像产生收缩效果。它与"膨胀工具"变形效果正好相反，类似于凹透镜的变形效果。

【膨胀工具】使用该工具在图像上按住鼠标不动或拖动鼠标，可以使图像产生膨胀效果，类似于凸透镜的变形效果。

【冻结蒙版工具】使用该工具在图像上单击或拖动，将出现红色的冻结选区，冻结的部分将不再受编辑的影响。

【解冻蒙版工具】该工具用来将冻结的区域擦除，以解除图像区域的冻结。

【工具选项】用来设置使用的画笔大小和压力程度。

【蒙版选项】设置蒙版的创建方式，单击"全部蒙住"按钮即可冻结整个图像，单击"全部反相"按钮可反相所有冻结区域。

【视图选项】用来定义当前图像、蒙版以及背景图像的显示方式。

8.3.5 消失点滤镜

消失点滤镜允许用户对选定的图像区域进行复制、喷绘、粘贴图像等操作，会自动应用透视原理，按照透视的角度和比例来自动适应图像的修改，从而大大节约精确设计和修饰照片所需的时间，解决了之前修补工具无法自动处理空间透视的问题。在消失点滤镜中，直接在背景图层中添加其他图像内容可以让图层整体效果自然合成，在调整时按<Alt>键，还能任意拖动所需要的角度。

消失点滤镜在某些情况下要优于图章工具，原因在于它能自动调整透视，而不用手动烦琐地选择复制的区域。但是对透视效果不强的图像应用此滤镜时，效果不明显，如图 8-12 所示。

图 8-12　应用消失点滤镜前后对比

图 8-13 所示为"消失点滤镜"对话框。

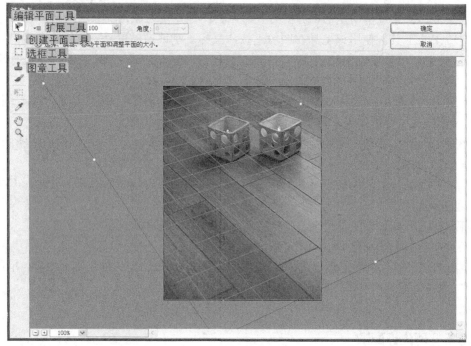

图 8-13　消失点滤镜对话框

【编辑平面工具】用于调整已创建的透视网格。

【创建平面工具】可通过在图像中单击添加节点的方式新建具有透视效果的网格。

【选框工具】用于在新建的网格中创建选区。

【图章工具】用于在创建的透视网格中仿制出具有相应透视效果的图像。

【扩展工具】单击此扩展按钮可弹出扩展菜单，在其中可定义消失点的内容，以及渲染和导出的方式。其中"渲染网格至 Photoshop"命令可将默认不可见的网格渲染至 Photoshop 中，得到栅格化的网格。"导出 DXF"和"导出 3DS"命令可将 3D 信息和测量结果分别以其格式导出。

8.4　滤镜库

　　Photoshop 将滤镜进行了大致归类，将较常用和较典型的滤镜收录其中，以方便用户预览和应用多个滤镜效果，在很大程度上提高了图像处理的灵活性。

　　滤镜库的特别之处在于应用滤镜的显示方式与图层的显示效果相似。默认情况下，滤镜库中只有一个效果层，想要保留滤镜效果的同时添加其他滤镜效果，可以单击对话框滤镜列表区下方的"新建效果图层"按钮，创建与当前相同的效果图层。若对添加的滤镜效果不满意，可以单击"删除效果图层"按钮将该滤镜效果删除。

　　【滤镜列表】该列表位于滤镜库的右下角，在其中会显示对图像使用过的所有滤镜，主要起到查看滤镜的作用。

图 8-14 为"滤镜库"对话框。

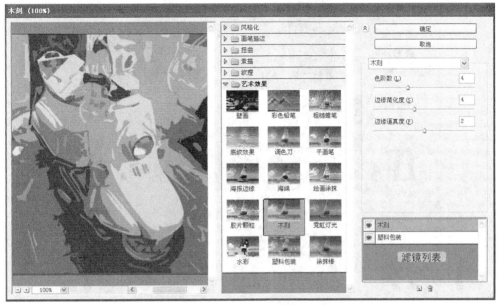

图 8-14　滤镜库对话框

8.4.1　画笔描边滤镜组

画笔描边滤镜的原理是通过模拟不同的画笔或油画笔刷来勾画图像，使图像产生各种绘画效果。执行"滤镜>滤镜库>画笔描边"命令，在各种效果缩览图中选择相应命令使用。图 8-15 为 8 种滤镜的效果示意图。

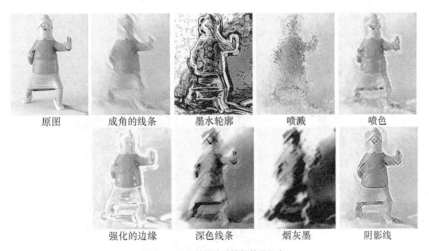

图 8-15　画笔描边滤镜组效果示意

8.4.2　素描滤镜组

素描滤镜组中的滤镜是根据图像中高色调、半色调和低色调的分布情况，使用前景色和背景色按特定的运算方式添加纹理，使图像产生素描、速写及三维等艺术效果。执行"滤镜>滤镜库>素描"命令，在各种效果缩览图中选择相应命令使用。图 8-16 为 14 种滤镜的效果示意图。

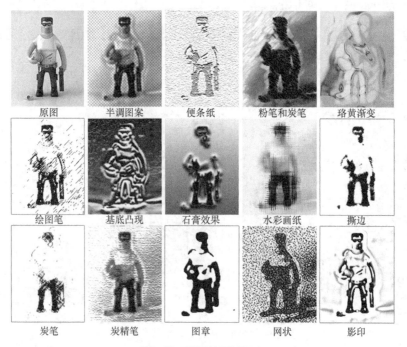

图 8-16　素描滤镜组效果示意

8.4.3　纹理滤镜组

纹理滤镜组中的滤镜主要用于生成具有纹理效果的图案。使用纹理滤镜可以使图像产生一定的纹理效果和质感。该滤镜组中的这些滤镜，即使是在没有明显颜色信息的图像上，如白色或黑色的单纯背景上，也能生成纹理或图案。该类滤镜可以模拟具有深度感或物质感的外观，或者添加一种材质外观。执行"滤镜>滤镜库>纹理"命令，在各种效果缩览图中选择相应命令使用。图 8-17 为 6 种滤镜的效果示意图。

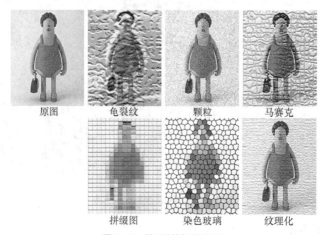

图 8-17　纹理滤镜组效果示意

8.4.4　艺术效果滤镜组

艺术效果滤镜组中的滤镜可以使图像呈现不同的绘画效果，从而加强图像的艺术感。在新版本中新增了"油画"滤镜。该滤镜未收录在滤镜库中，为一个独立滤镜。此类滤镜在 RGB 模式和灰度模式中可以使用，在 CMYK 模式中则不能使用。执行"滤镜>滤镜库>艺术效果"命令，在各种效果缩览图中选择相应命令使用。图 8-18 为包括"油画"效果在内的 16 种滤镜的效果示意图。

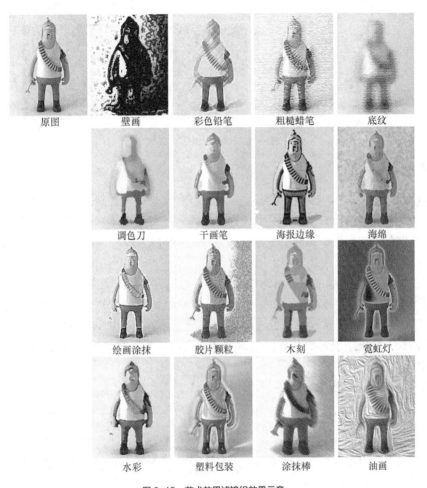

图 8-18　艺术效果滤镜组效果示意

8.5　滤镜组

8.5.1　风格化滤镜组

风格化滤镜组通过置换图像像素、查找并增加图像的对比度，在选区中生成绘画或印象派的效果。该滤镜组可以强化图像的边缘色彩，所以图像的对比度对此类滤镜的影响较大。

其中，照亮边缘滤镜收录在"滤镜库"中，其他滤镜需要执行"滤镜>风格化"命令，在弹出的菜单中选择相应命令使用。图 8-19 为 9 种滤镜的效果示意图。

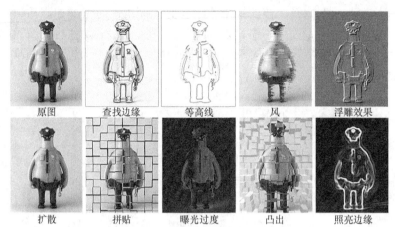

图 8-19　风格化滤镜组效果示意

8.5.2　模糊滤镜组

模糊滤镜组主要是使区域图像柔和，通过减小对比来平滑边缘过于清晰和对比过于强烈的区域。使用模糊滤镜就好像为图像生成许多副本，使每个副本向四周以 1 像素的距离进行移动，离源图像越远的副本其透明度越低，从而形成模糊效果。执行"滤镜>模糊"命令，在弹出的菜单中选择相应命令使用。

【场景模糊】是以创建的固定点为模糊原点进行的区域模糊。

【光圈模糊】可将一个或多个焦点添加到图像中，移动图像控件，可改变焦点的大小与形状、图像其余部分的模糊数量以及清晰区域与模糊区域之间的过渡效果。

【倾斜偏移】是模拟出镜头焦外的失真效果，还可以模拟出镜头焦外弥散圈和旋转焦外、二线性等效果。

图 8-20 为 11 种模糊滤镜的效果示意图。

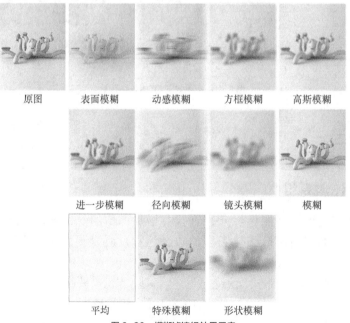

图 8-20　模糊滤镜组效果示意

8.5.3　扭曲滤镜组

　　扭曲滤镜通过对图像中的像素拉伸、扭曲和振动实现各种效果。类似于"变换"命令。但"变换"命令最多有 12 个控制点来使图像变形，而"扭曲"滤镜则提供了几百个控制点，所有的控制都用于图像不同部分。执行"滤镜>扭曲"命令，在弹出的菜单中选择相应命令。其中"玻璃""海洋波纹"和"扩散亮光"滤镜收录在"滤镜库"中。图 8-21 为 12 种扭曲滤镜的效果示意图。

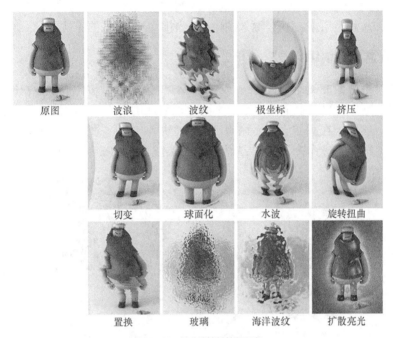

图 8-21　扭曲滤镜组效果示意

8.5.4　锐化滤镜组

　　锐化滤镜组主要通过增强图像相邻像素间的对比度，使图像轮廓更加分明、纹理更加清晰、从而减弱图像的模糊程度。执行"滤镜>锐化"命令，在弹出的菜单中选择相应命令。图 8-22 为 5 种锐化滤镜的效果示意图。

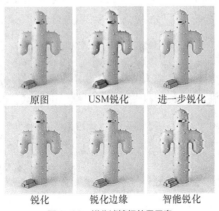

图 8-22　锐化滤镜组效果示意

8.5.5　视频滤镜组

视频滤镜组属于 Photoshop 外部接口程序，用于从摄像机输入图像或将图像输出到录像带上。它可以将普通图像转换为视频图像，或是将视频图像转换为普通图像。

【NTSC 颜色】滤镜可以解决当使用 NTSC 方式向电视机输出图像时，色域变窄的问题，可将色域限制为电视可接收的颜色，将某些饱和度过高的颜色转化成近似的颜色，降低饱和度，以匹配 NTSC 视频标准色域。

【逐行】该滤镜可以消除视频图像中奇数或偶数交错行，使在视频上捕捉的运动图像变得平滑、清晰。此滤镜用于在视频输入图像时，消除混杂信号的干扰。

8.5.6　像素化滤镜组

像素化滤镜组中的滤镜是通过将图像中相似颜色值的像素转化成单元格的方法，使图像分块或平面化，使其在视觉上呈现像是由不同色块组成的效果。该组滤镜可改变图像的像素并重新构成，一般用于在图像上显示网点或表现铜版画效果。执行"滤镜>像素化"命令，在弹出的菜单中选择相应命令。图 8-23 为 7 种像素化滤镜的效果示意图。

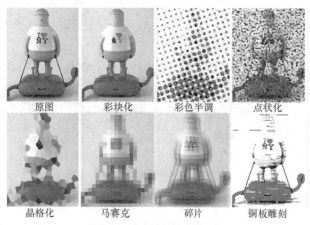

图 8-23　像素化滤镜组效果示意

8.5.7　渲染滤镜组

渲染滤镜组能够不同程度地使图像产生三维造型效果或光线照射效果。执行"滤镜>渲染"命令，在弹出的菜单中选择相应命令。图 8-24 为 5 种渲染滤镜的效果示意图。

图 8-24　渲染滤镜组效果示意

8.5.8　杂色滤镜组

杂色滤镜组中的滤镜可以给图像添加一些随机产生的颗粒，同时也可以对图像中的杂色进行降噪或去斑等操作。这类滤镜可在图像上应用杂点表现图像效果，或者删除因为扫描而产生的杂点。在打印输出时会使用这种滤镜。执行"滤镜>杂色"命令，在弹出的菜单中选择相应命令。图 8-25 为 5 种杂色滤镜的效果示意图。

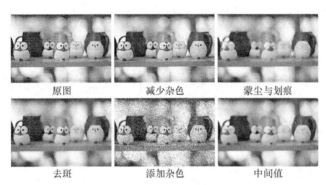

原图　　　　　　　减少杂色　　　　　　蒙尘与划痕

去斑　　　　　　　添加杂色　　　　　　中间值

图 8-25　杂色滤镜组效果示意

8.5.9　其他滤镜组

其他滤镜组可以自己创建具有独特效果的滤镜，使用滤镜可修改蒙版、在图像中使选区发生位移和快速调整颜色。该类滤镜主要用于改变构成图像的像素排列。其中"自定义"可以使用用户自己定义的滤镜。用户可以控制所有被筛选像素的亮度值。该滤镜可通过数学运算使图像产生变化，可以在 25 个区域上应用多种效果。执行"滤镜>其他"命令，在弹出的菜单中选择相应命令。图 8-26 为除自定义滤镜外的 4 种其他滤镜效果示意图。

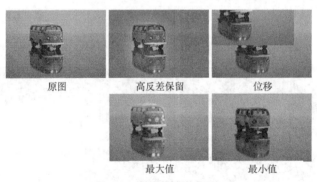

原图　　　　　　　高反差保留　　　　　位移

最大值　　　　　　最小值

图 8-26　其他滤镜组效果示意

8.6　Digimarc 滤镜组

诸如 Photoshop CS6 这类图像编辑软件的流行以及扫描仪和数码相机等数字化设备的使用，对于版权保护提出了新的问题。艺术家对一些人未经允许就使用他们的图像感到担忧。许多设计者都关心他人可能在未经许可的情况下偶然使用了别人的图像。Digimarc（作品保护）滤镜可以为 Photoshop 文件添加水印。水印的内容是向用户提醒创作者版权的标志，即此图像是限制使用还是免费的。数字水印在正常的编辑下不会被抹去。Digimarc（作品保护）滤镜组共包括 2 个滤镜：嵌入水印和读取水印。

　　如果想为索引模式图像添加水印，首先应将其转换为 RGB 颜色模式，嵌入水印后，再重新将其转换为索引模式即可。图像尺寸至少要保持 256 像素×256 像素才能显示水印。

8.7　实战案例

　　抽象光芒背景制作

　　（1）执行"文件>新建"命令，在弹出的"新建"对话框中设置参数，新建图像文件，如下图所示。

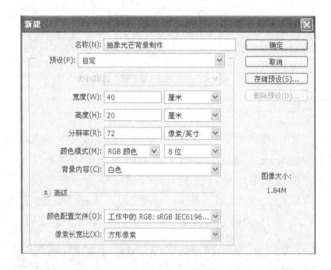

　　（2）将背景素材图拖曳到新建文件中，执行"滤镜>模糊>径向模糊"（缩放，数量：100）。

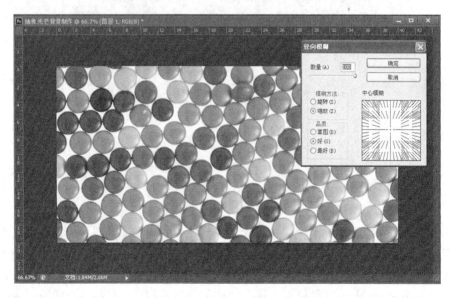

　　（3）按<Ctrl+F>组合键，再应用两次径向模糊滤镜效果。

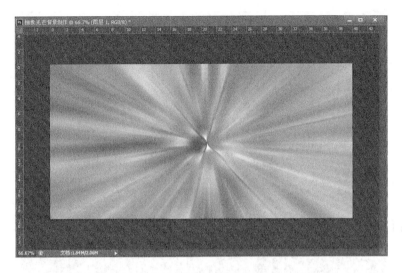

（4）复制图层 1，将图层 1 副本应用"叠加"混合模式。

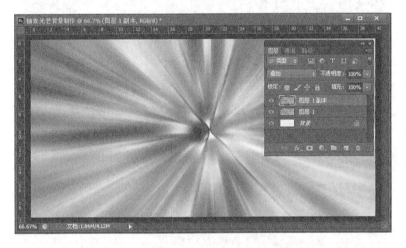

（5）继续复制图层 1 副本，将副本 1 和副本 2 图层放到图层面板最上方，执行"去色"命令，应用"正片叠底"混合模式。

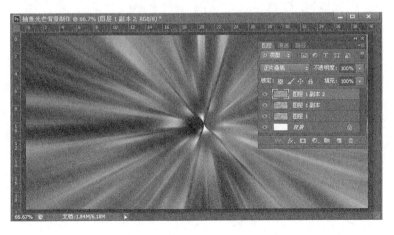

（6）继续在图层 1 副本 2 上执行"滤镜>扭曲>旋转扭曲"（角度 50 度）。

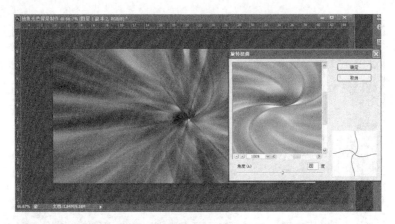

（7）利用裁切工具选择恰当位置裁切。

（8）调节曲线值变换颜色，添加文字。

第 9 章
动作与批处理

动作和批处理是不可分割的一对好搭档。动作是快速处理一幅图像的命令集合，而批处理则是借助于动作快速处理一批图像的便捷方式。

9.1 动作

所谓动作，是指一系列可自动回放命令的集合。动作的出现使人们可以从重复的劳动中解脱出来，可以把一些重复操作的步骤让动作来完成。

9.1.1 动作面板

动作面板位于工作界面的右侧，针对动作的创建、载入、录制和播放等操作都可以通过"动作"面板来进行。执行"窗口>动作"命令，即可显示"动作"面板，如图 9-1 所示。

图 9-1 "动作"面板

编　号	名　　称	说　　明
①	"切换项目开/关"按钮	该按钮用来设置动作或动作中的命令是否被跳过。如果某个动作命令的左侧显示✓标识，表示该动作命令运行正常。如显示□标识，表示该命令被跳过
②	"切换对话开/关"按钮	该按钮主要用于设置动作在运行过程中是否显示参数对话框
③	默认动作组	动作组可将多个命令归类放置，单击动作组左侧的三角形按钮，即可展开或收起一个组中所包含的所有命令
④	"停止播放/记录"按钮	单击该按钮可以停止正在播放的动作或正在录制的动作
⑤	"开始录制"按钮	单击该按钮后对图像进行操作，可以对操作的步骤进行录制
⑥	"播放"按钮	单击该按钮可以对选定的动作进行播放
⑦	"创建新组"按钮	单击该按钮可以创建一个新的动作组
⑧	"创建新动作"按钮	单击该按钮可以创建一个新的动作，新建动作将出现在选定的动作组中
⑨	"删除"按钮	单击该按钮可以对选定动作进行删除
⑩	"扩展"按钮	单击该按钮可以打开扩展菜单，在菜单中根据需要执行不同的命令

9.1.2 动作的应用

动作是 Photoshop 中的特色功能，是用来管理操作步骤的一种工具，它可以把大部分操作命令及命令参数记录下来，以供用户在执行相同操作时使用，从而提高工作效率。

1. 应用预设

应用预设是指将"动作"面板中已录制的动作应用于图像文件或相应的图层上。选择需要应用预设的图层后在"动作"面板中选择需要执行的动作，单击"播放选定的动作"按钮，即可运行该动作。

除了默认动作组外，Photoshop 还自带了多个动作组，每个动作组中包含了许多同类型的动作。在"动作"面板中单击右上角的扩展按钮，在弹出的菜单中执行相应的命令即可将其载入到"动作"面板中。

2．创建新动作

除软件自带的动作外，用户还可以将常用的操作或一些创意操作录制成新的动作，以提高工作效率。其方法是在"动作"面板中单击"创建新组"按钮，在弹出的对话框中输入动作组名称后单击"确定"按钮。继续在"动作"面板中单击"创建新动作"按钮，在弹出的对话框中输入名称，完成后单击"记录"按钮，软件则开始记录用户对图像所操作的每一个动作，录制完成后单击"停止"按钮，即可完成动作组的创建。

3．编辑动作

利用"动作"面板不仅可以对所有动作进行播放，还可以对录制好的动作进行编辑，如添加动作命令、自定播放速度、存储和载入动作等。单击"动作"面板右上角的扩展按钮，在弹出的菜单中执行"回放选项"命令，即可打开"回放选项"对话框，如图 9-2 所示。

图 9-2 "回放选项"对话框

9.2 批处理

在 Photoshop 中利用批处理可以有效节约工作时间，一般用于处理大批属性相同的文件。应用"批处理"命令可以对一个文件夹中的所有文件进行同一动作，执行"文件>自动>批处理"命令，即可打开"批处理"对话框，如图 9-3 所示。

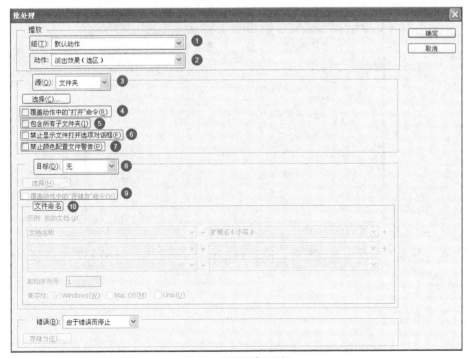

图 9-3 "批处理"对话框

编　号	名　称	说　明
①	"组"选项	该选项用于选择所需动作所在的组
②	"动作"选项	该选项用于选择需要执行的动作
③	"源"选项	该选项用于选择将动作应用到文件范围
④	"覆盖动作中的打开命令"复选框	勾选该复选框，可以忽略动作中录制的"打开"命令
⑤	"包含所有子文件夹"复选框	勾选该复选框，可以处理选定文件夹中子文件夹内的图像
⑥	"禁止显示文件打开选项对话框"复选框	勾选该复选框将不显示"打开"对话框
⑦	"禁止颜色配置文件警告"复选框	勾选该复选框，可以关闭颜色方案信息的显示
⑧	"目标"选项	该选项用于设置对应用完动作的文件的处理
⑨	"覆盖动作中的'存储为'命令"复选框	勾选该复选框，将使用此处的"目标"覆盖动作中的"存储为"动作
⑩	"文件命名"选项组	在该选项组中提供了多种文件名称与格式可供选择

9.3　实战案例

螺旋花朵背景制作

（1）执行"文件>新建"命令，新建一个文件。

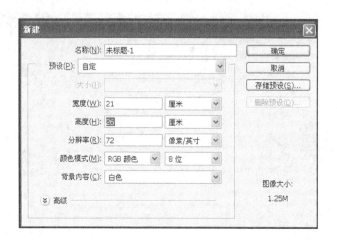

（2）在"背景"图层填充渐变色：RGB112.169.114—RGB91.165.132。

（3）将素材"花朵"打开并拖曳至文件中，将其放置于左下角。

（4）选择"窗口>动作"面板，单击"创建新动作"按钮，创建新动作，开始录制。

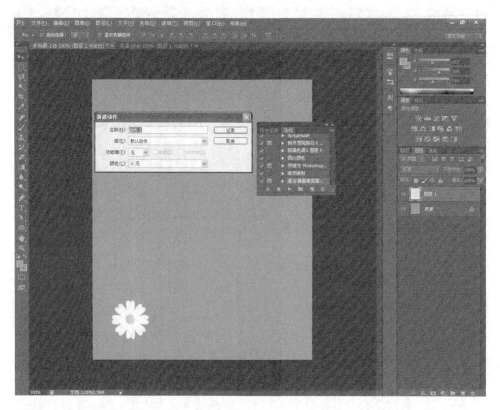

（5）按<Ctrl+J>组合键，将花朵图形复制。

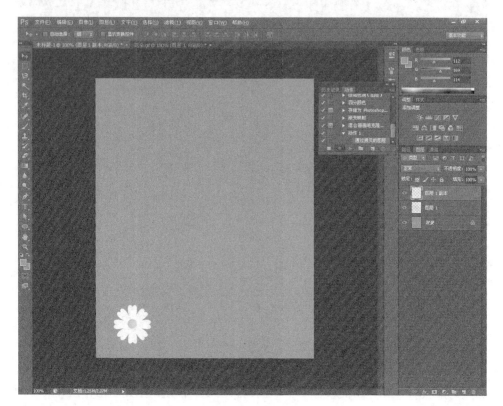

（6）按<Ctrl+T>组合键，将花朵图形中心点拖曳至画面右上部分。

（7）设置画面上方属性栏位置的数值，宽：90%，高：90%，角度：10°。

（8）单击"确定"按钮，停止录制，并将光标移回"动作1"的位置。

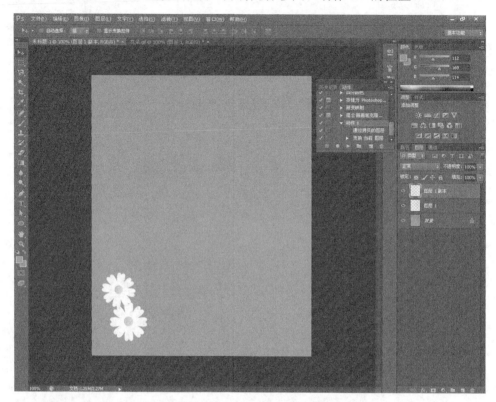

（9）单击动作面板上的"播放"按钮，直至效果达到要求。

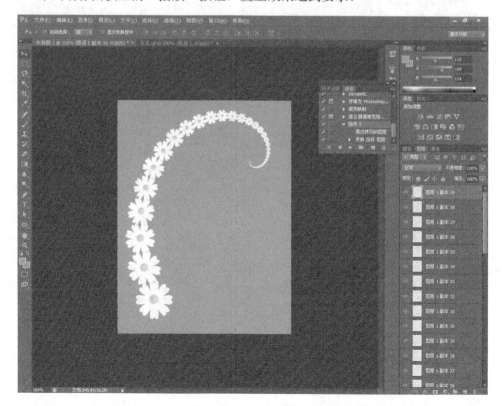

Chapter

10

第 10 章
通道与蒙版

Photoshop 中通道的概念和图层类似，是用来存放图像的颜色信息和选区信息的。我们可以通过调整通道中的颜色信息来改变图像的色彩，或对通道进行相应的编辑操作以调整图像或选区信息，辅助制作出与众不同的图像效果。

10.1　通道作用及"通道"面板

10.1.1　通道的作用

　　在 Photoshop 中，通道主要有两个作用：一是存储图像的颜色信息，二是存储选区信息。也就是说，通道是用来存储图像信息的一种介质而已。在 Photoshop 中，无论是存放颜色信息还是存放选区信息，都是通过"通道"面板来实现的。

10.1.2　"通道"面板

　　执行"窗口>通道"命令即可显示"通道"面板，如图 10-1 所示。

　　当在 Photoshop 中打开一幅图像后，"通道"面板会以当前图像的颜色模式显示其对应的通道。

图 10-1　"通道"面板

编　号	名　称	说　明
①	将通道作为选区载入	单击该按钮可将当前通道快速转化为选区
②	将选区存储为通道	单击该按钮可将图像中选区之外的图像转换为蒙版的形式，将选区保存在新建的 Alpha 通道中
③	创建新通道	单击该按钮可创建一个新的 Alpha 通道
④	删除当前通道	单击该按钮可删除当前通道

10.2　通道种类

　　通道是 Photoshop 中最为重要的功能之一，它作为图像的组成部分，与图像的格式息息相关，图像颜色模式的不同也决定了通道的数量和模式。通道主要分为颜色通道、专色通道、Alpha 通道和临时通道。值得注意的是，只有 PSD 格式的图像文件可以保存 Alpha 通道和专色通道中的信息。

10.2.1　颜色通道

　　对图像的处理是对图像的颜色进行调整，其实质是在编辑颜色通道。"颜色通道"是用来描述图像色彩信息的彩色通道，图像的颜色模式决定了通道的数量，"通道"面板上存储的信息也相应会有变化。每个单独的"颜色通道"都是一幅灰度图像，仅代表这个颜色的明暗变化。RGB 模式下显示 RGB、红、绿和蓝 4 个颜色通道，灰度模式下只显示一个灰度颜色通道，CMYK 模式下显示 CMYK、青、洋红、黄和黑 5 个颜色通道，如图 10-2 所示。

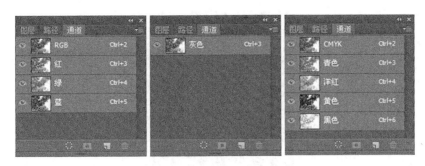

图 10-2　3 种模式"通道"面板

10.2.2　专色通道

专色通道是一种较为特殊的通道，它可以使用除青色、洋红、黄色和黑色以外的颜色来
绘制图像。它以特殊的预混油墨来替代或补充印刷色油墨，
常用于需要用专色印刷的印刷品，创建如画册中常见的纯红
色、蓝色以及证书中的烫金、烫银效果。值得注意的是，除
了默认的颜色通道外，每一个专色通道都有相应的印板，在
打印输出一个含有专色通道的图像时，必须先将图像模式转
换到多通道模式下。

专色通道的创建方法：在"通道"面板中单击右上角的
扩展按钮，在弹出的菜单中执行"新建专色通道"命令，在
弹出的对话框中可以设置专色通道的颜色和名称，完成后单
击"确定"按钮即可新建专色通道，如图 10-3 所示。

图 10-3　创建专色通道后的"通道"面板

10.2.3　Alpha 通道

Alpha 通道相当于一个 8 位的灰阶图，用 256 级灰度来记录
图像中透明度的信息，定义透明、不透明和半透明区域。它可以
通过"通道"面板来创建，新创建的通道名称默认为"Alpha X"
（X 为自然数，按照创建顺序依次排列）。Alpha 通道主要用于存
储选区，它将选区存储为"通道"面板中可编辑的灰度蒙版。

创建 Alpha 通道的方法是：首先在图像中创建需要保存的
选区，在"通道"面板中单击"创建新通道"按钮，在图像窗
口中保持选区，并填充选区为白色后取消选区，即在 Alpha1 通
道中保存了选区。保存选区后，则可以随时重新载入该选区或
将该选区载入到其他图像中，如图 10-4 所示。

图 10-4　"Alpha"通道

10.2.4　临时通道

临时通道是在"通道"面板中暂时存在的通道。当对图像创建图层蒙版或快速蒙版时，
软件将自动在"通道"面板中生成临时蒙版。当删除图层蒙版或退出快速蒙版的时候，"通
道"面板中的临时通道就会消失，如图 10-5 所示。

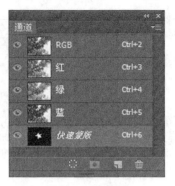

图 10-5　临时蒙版

10.3　通道的创建与编辑

在对"通道"面板以及通道的基本类型有所了解之后，下一步来学习通道的创建和相关的编辑操作。通道的编辑包括通道的复制、删除、分离和合并，以及通道的计算和选区蒙版的转换等。

10.3.1　通道的创建

颜色通道是在打开图像时就自动生成的，而其他类型的通道则需要进行手动创建，创建通道分为创建空白通道和创建带选区的通道两种。

1.创建空白通道

空白通道是指创建的通道属于选区通道，但选区中没有图像等信息。创建新的通道可以帮助用户更加方便的对图像进行编辑，其创建方法有两种。一种是在"通道"面板中单击底部的"创建新通道"按钮以新建一个空白通道，新建的空白通道在图像窗口中显示为黑色；二是在"通道"面板中单击右上角的扩展按钮，在弹出的菜单中执行"新建通道"命令，弹出"新建通道"对话框，在其中设置新通道的名称等参数后，单击"确定"按钮即可。创建通道后用户可以根据需要对通道进行重命名操作，其方法与图层命名方法完全一样。需要注意的是，颜色通道的名称是系统自定的，不能重命名。

2.通过选区创建选区通道

选区通道是用来存放选区信息的，用户可以在图像中将需要保留的图像创建为选区，然后在"通道"面板中单击"创建新通道"按钮即可创建选区通道。将选区创建为新通道后能方便用户在后面的重复操作中快速的载入选区。

10.3.2　复制与删除通道

在通道中是将彩色的图像以黑色、白色和灰色三种颜色来显示的。若是 RGB 模式下的图像，单击"红"通道后，图像显示为灰度下的黑白效果，黑色区域越多则表示该图像中红色的成分越多，反之则越少。值得注意的是，位于"通道"面板中顶层的"复合通道"是不可复制的、不能删除的，同时不可重命名。而单独的"颜色通道"和"选区通道"则可以被复制。

　　复制、删除通道的方法和复制、删除图层的方法完全一样，只需拖动需要复制或需要删除的
通道到"创建新通道"按钮或"删除当前通道"按钮上释放鼠标
即可。也可以在需要复制或需要删除的通道上单击鼠标右键，在
弹出的快捷菜单中执行"复制通道"或"删除通道"命令，并在
弹出对话框中设置相应参数以复制或删除通道，如图 10-6 所示。

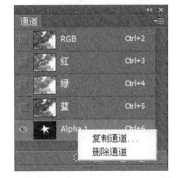

图 10-6　复制、删除通道

10.3.3　分离与合并通道

　　在 Photoshop 中可以将通道拆分为几个灰度图像，也可以
将拆分后的通道进行全部组合或部分组合。这就是我们常说的
"分离通道"和"合并通道"。

1. 分离通道

　　分离通道是将通道中的颜色或选区信息，分别存放在不同的独立灰度模式的图像中，分离
通道后也可对单个通道中的图像进行操作。分离通道常用于无法保留通道的文件格式以保存
单个通道信息。值得注意的是，当图像的颜色模式不一样时，分离出的通道自然也有所不同。

　　分离通道的方法是：在 Photoshop 中打开一张需要分离通道的图像，在"通道"面板中
单击右上角的扩展按钮，在弹出的菜单中执行"分离通道"命令，此时软件自动将图像分离
成为三个灰度图像。分离后的图像分别以"图像名称+文件格式+红/绿/蓝"的名称显示，如
图 10-7 所示。需要注意的是，未合并图层的 PSD 图像无法进行分离通道的操作。

2. 合并通道

　　对图像进行分离操作后还能对图像进行合并通道的操作。合并通道就是指将分离后的通道
图像重新组合成一个新的图像文件。合并通道的作用是能同时将两幅或多幅图像经过通道分离
后，变为单独的通道灰度图像，然后再进行有选择性的合并操作，从而创造新的图像文件。

　　合并通道的方法是：首先将选定的两种图片在 Photoshop 软件中进行分离通道的操作，
然后在分离后的两张图像中，任选一张灰度图像，单击"通道"面板右上角的扩展按钮，在
弹出的快捷菜单中执行"合并通道"命令，接着在"合并"通道对话框中设置模式等参数，
然后单击"确定"按钮，弹出"合并 RGB 通道"对话框，在其中可分别针对红色、绿色、
蓝色通道 3 个通道选项进行选择，此时的选择范围为选定的两张图像分离后的 6 个单独颜色
通道。选择任一图像的任一颜色通道后，单击"确定"按钮即可按选择的相应通道进行通道
合并。未被选择的单独的颜色通道保存不变，选中的颜色通道合并为一张图像，如图 10-8
所示。需要注意的是，要对两幅通道不同的图像进行合并，这两幅图像文件的大小和分辨率
必须相同，不然无法进行通道合并。

图 10-7　分离通道

图 10-8　合并通道

10.3.4　通道的计算

通道的计算是指在 Photoshop 中，将两个来自同一或多个源图像的通道以一定的模式进行混合，通道的计算的实质是合并通道的升级。对图像进行通道计算能将一幅图像融合到另一幅图像中，方便用户快速得到富于变换的图像效果。

通道计算的方法是：为了在两幅图像中进行通道计算，首先可以使用"移动工具"将一个图像移动到另一个图像中，在"图层"面板生成新图层。接着执行"图像>计算"命令，在弹出的"计算"对话框中，设置参数，单击"确定"按钮即可，如图 10-9 所示。此时在"通道"面板中会生成一个新的 Alpha 通道，单击 RGB 通道前的可视性按钮即可显示全部通道，此时图像中会显示融合后的新图像效果。

图 10-9　"计算"对话框

"计算"命令用于混合两个来自一个或多个源图像的单个通道，它可以将结果应用到新图像、新通道，或当前图像的选区中。如果使用多个源图像，则这些图像的像素尺寸必须相同。不能对复合通道应用"计算"命令。如果要在软件中使用通道内容的负片，请选择"反相"选项。

10.4　蒙版的概念与类型

蒙版是一种特殊的通道，又称"遮罩"，是一种特殊的图像处理方式，它能对不需要编辑的部分图像进行保护，起到隔离的作用。蒙版就像覆盖在图层上的"奇妙玻璃"，白色玻璃下的图像按原样显示，黑色玻璃下的图像不可见，灰色玻璃下的图像呈半透明效果。蒙版分为"快速蒙版""矢量蒙版""图层蒙版"和"剪贴蒙版"4 类。

10.4.1　快速蒙版

快速蒙版是一种临时性的蒙版，是暂时在图像表面产生的一种与保护膜类似的保护装置，常用于帮助用户快速得到精确的选区。其创建方法是单击工具箱底部的"以快速蒙版模式编辑"按钮，进入快速蒙版模式，选择"画笔工具"，适当调整画笔大小后在图像中需要添加蒙版进行保护的区域进行涂抹，再单击"以标准模式编辑"按钮退出快速蒙版模式，即可对涂抹部位以外的图像创建选区，如图 10-10 所示。

图 10-10　快速蒙版

10.4.2　矢量蒙版

矢量蒙版依附图层而存在，其本质为使用路径制作蒙版，遮挡路径覆盖的图像区域，显示无路径覆盖的图像区域。矢量蒙版可以通过使用形状工具绘制形状的同时创建，也可以通过路径来创建。矢量蒙版的编辑其实与路径的编辑相同，都是修改路径，所以掌握好路径的修改就可以掌握好矢量蒙版的修改。

创建矢量蒙版的方法有两种：一是通过形状工具创建，选中任意形状工具，在属性栏中选择"路径"选项，拖动鼠标绘制相应图像并单击蒙版按钮，即可为当前图层创建一个矢量蒙版；二是通过路径创建，在创建选区后将选区转换为工作路径，并执行"图层>矢量蒙版>当前路径"命令，即可创建相应的矢量蒙版。

10.4.3　图层蒙版

图层蒙版也是依附于图层而存在的，通过使用"画笔工具"在蒙版上涂抹，可以只显示需要被编辑的部分图像。

创建图层蒙版有两种情况：一是当图层中没有选区时，在"图层"面板上选择该图层，单击面板底部的"添加图层蒙版"按钮即可为该图层创建图层蒙版；二是当图层中有选区时，在"图层"面板上选择该图层后，单击面板底部的"添加图层蒙版"按钮，则选区内的图像被保留，而选区外的图像将被隐藏，在蒙版上该区域显示为黑色，如图 10-11 所示。

10.4.4　剪贴蒙版

剪贴蒙版和图层蒙版、矢量蒙版相比较为特殊，其原理是使用处于下方图层的形状来限制上方图层的显示状态。剪贴蒙版有两部分组成：一部分为形状层，用于定义显示图像的范围或形状；另一部分为内容层，用于存放将要表现的图像内容。使用剪贴蒙版能在不影响原图像的同时有效地完成剪贴制作。

图 10-11　图层蒙版

　　创建剪贴蒙版有两种方法：一种是在"图层"面板中按<Alt>键的同时将光标移至两图层间的分割线上，当其变为直角箭头时，单击鼠标左键，如图 10-12 所示；另一种是在"图层"面板中选择上方图层按<Ctrl+Alt+G>组合键即可。

图 10-12　剪贴蒙版

10.5　蒙版的编辑

　　在了解了蒙版的分类以及各类蒙版的基本创建方法后，还应该对蒙版的编辑有所认识和掌握。蒙版的编辑包括蒙版的停用、启用、移动、复制、删除和应用等。

10.5.1　停用与启用蒙版

停用和启用蒙版能够帮助用户对图像使用蒙版前后的效果进行更多的对比观察。在按
<Shift>键的同时单击图层蒙版缩略图可暂时停用图层蒙版的屏蔽功能,此时图层蒙版缩略图
中会出现一个红色的"X"标记,如果要重新启用图层蒙版的屏蔽功能,只要再次按<Shift>
键的同时单击图层蒙版缩略图即可。

10.5.2　移动与复制蒙版

蒙版既可以被移动至另一图层,也可以被复制。在"图层"面板中将图层蒙版拖动到另
一图层中,即可移动图层蒙版。若按<Alt>键拖动蒙版,则对图层蒙版进行了复制。移动图
层蒙版和复制图层蒙版得到图像效果是完全不同的。

10.5.3　删除与应用蒙版

若要删除图层蒙版,可以在"图层"面板中的蒙版上单击鼠标右键,在弹出的菜单中执
行"删除图层蒙版"命令,也可以拖动蒙版到"删除图层"按钮
上,释放鼠标,在弹出的对话框中单击"删除"按钮即可。

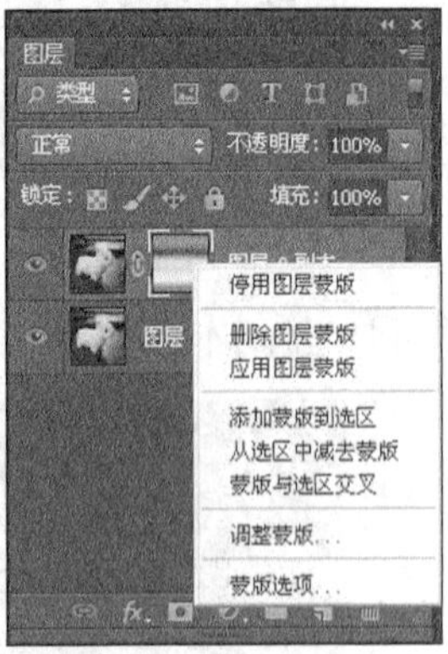

应用图层蒙版是指将蒙版中黑色区域对应的图像删除,白色
区域对应的图像保留,灰色过渡区域对应的图像部分像素被删除,
以合成为一个图层,其功能类似于合并图层。应用图层蒙版的方
法为在图层蒙版上单击鼠标右键,在弹出的菜单中执行"应用图
层蒙版"命令,如图 10-13 所示。

10.5.4　查看通道

在默认情况下,图像窗口中看不到图层蒙版中的图像效果。

图 10-13　删除与应用蒙版

此时,在按住<Alt>键的同时单击"图层蒙版"进入图层蒙版编辑
状态,就可以在图像窗口中观察图层蒙版的工作状态。如果要退出图层蒙版编辑状态,只要
再次按住<Alt>键并单击该图层蒙版即可。

10.5.5　将通道转换为蒙版

通道转换为蒙版的实质是将通道中的选区作为图层的蒙版,进而对图像的效果进行
调整。在"通道"面板中按住<Ctrl>键的同时单击相应的通道缩略图,即可载入该通道选
区。回到"图层"面板中,单击"添加图层蒙版"按钮,即可为图层添加通道选区作为
图层蒙版。

10.6　实战案例

抠图

(1)打开要处理的图片素材"抠图.jpg",复制图层获得"背景副本"。

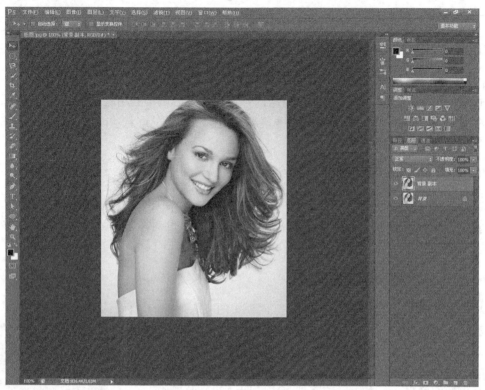

　　（2）进入通道面板，选中"蓝"通道——人物与背景颜色对比度最大的通道并复制它，得到"蓝副本"。

（3）按<Ctrl+L>组合键调整"蓝副本"图层的色阶，增加人物头发与背景的对比度。

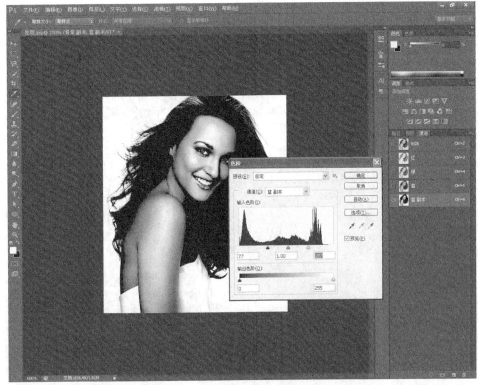

（4）按住<Ctrl>键的同时单击"蓝副本"图层，获得如图选区。

（5）按<Shift+Ctrl+I>组合键反相"蓝副本"选区，并回到"图层"面板。

（6）按<Ctrl+C>组合键复制"背景副本"选区，按<Ctrl+V>组合键粘贴，就获得了"图层 1"这样一个头发图层。

（7）隐藏上一步抠好的"图层 1"，在"背景副本"中用"快速选择工具"，把人物大概区域选中。

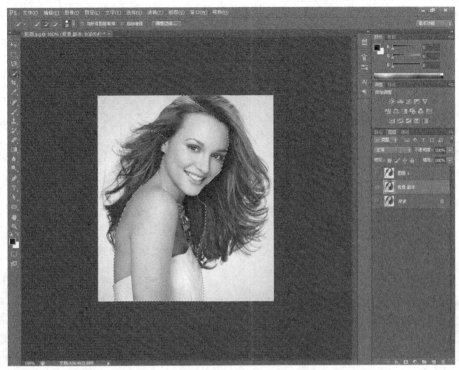

（8）按<Ctrl+C>组合键复制"背景副本"选区，按<Ctrl+V>组合键粘贴，获得"图层 2"身体部分的图层。

（9）显示"图层 1"和"图层 2"，这样一个细节复杂的人物图像就抠图完毕了。

第 11 章
GIF 动画

动画在多媒体作品中能够起到画龙点睛的作用，GIF 动画是在文件中存放多幅图像，使图像可以按照一定顺序和时间间隔依次读出并显示在屏幕上。这种动画因其制作简单、文件小、动感表现力强而被人们所喜爱。

11.1 GIF 动画

11.1.1 动画中的基本概念

1. 帧

通常将动画或者视频中的每一幅静态图像称为一帧，帧相当于电影胶片上的每一格镜头。

2. 帧频

帧频是指每秒钟显示的帧的数量，可用"帧/秒"作为帧频的单位。

3. 关键帧和中间帧

关键帧是指对象运动或变化中的关键动作所处的那一帧。

11.1.2 帧模式"时间轴"面板

执行"窗口>时间轴"命令，打开"时间轴"面板，帧模式"时间轴"面板会显示动画中的每个帧的缩览图，使用面板底部的工具可以浏览各个帧、设置循环选项、添加和删除帧以及预览动画，如图 11-1 所示。

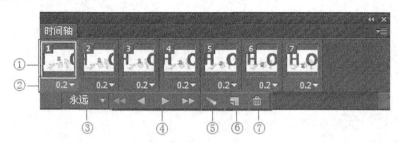

图 11-1　帧模式"时间轴"面板

编号	名称	相应说明
①	当前帧	选中该帧后，即可对该帧上的图形进行相应的处理
②	帧延迟时间	该选项用于设置帧在回放过程中的持续时间
③	循环选项	该选项用于设置动画在作为 GIF 文件导出时的播放次数
④	帧控制按钮	通过单击各按钮可控制动画的播放和停止等。按钮顺序依次为："选择第一帧"按钮，"选择上一帧"按钮，"播放动画"按钮，"选择下一帧"按钮
⑤	"过渡动画帧"按钮	按下此按钮弹出过渡对话框，在其中可设置过渡方式及在选定的图层之间添加的帧数等，以创建过渡动画帧
⑥	"复制所选帧"按钮	单击该按钮，可以复制所选中的帧，得到与所选帧相同的帧
⑦	"删除所选帧"按钮	选择要删除的帧后，单击该按钮，即可删除所选择的帧

11.1.3 创建帧动画

在帧动画中，每个帧表示为一个图层配置，下面我们用一个最简单的例子来讲解帧动画的制作方法。

（1）打开素材文件，将"背景"图层外的所有图层隐藏，打开时间轴面板，如图 11-2 所示。

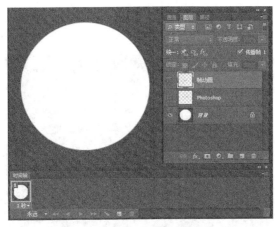

图 11-2　打开"时间轴"面板

（2）单击"复制所选帧"按钮，复制出第二个动画帧，并在"图层"面板中显示"photoshop"图层，如图 11-3 所示。

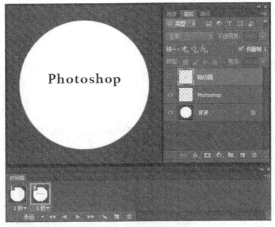

图 11-3　在图层面板中显示

（3）复制第 2 帧，生成第 3 帧，显示"帖动画"图层，如图 11-4 所示。

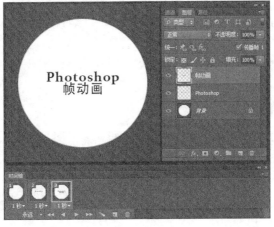

图 11-4　复制第 2 帧

（4）分别单击各个帧下面的下拉按钮，设置帧速率为 1 秒。

（5）单击"播放动画"按钮，在图像中可预览动画效果，如图 11-5 所示。

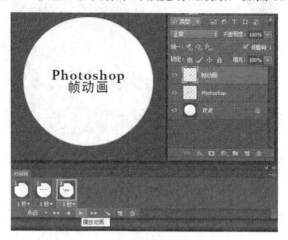

图 11-5　播放动画

（6）单击文件菜单，选择存储为 Web 格式，存储为扩展名为 gif 格式的文件，如图 11-6
所示。

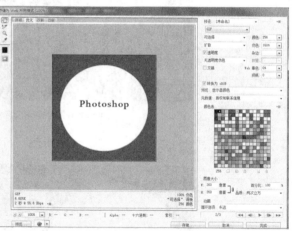

图 11-6　存储

11.1.4　创建过渡帧动画

使用帧过渡功能来创建动画首先需要定义好两端的关键帧，而且过渡帧动画只能局限于
位置过渡、不透明过渡和效果过渡 3 类，超出此范围无法使用过渡功能。

1. 位置过渡

（1）打开素材文件，将所有图层全部显示。单击帧下面的下拉按钮，设置帧速率为 0.2
秒，如图 11-7 所示。

图 11-7　设置帧速率

（2）单击"复制所选帧"按钮，复制出第 2 个动画帧。单击第 1 帧，使用移动工具将
"photoshop"图层移动到整个画布的最底部，如图 11-8 所示。

图 11-8　移动图层

（3）按<Ctrl>键选中第 1 帧和第 2 帧，单击过渡动画帧按钮，打开对话框，设置添加的
帧数及参数，然后单击"确定"按钮。此时，在第 1 帧与第 2 帧中间会添加 5 个过渡帧，此
时共 7 帧，如图 11-9 所示。

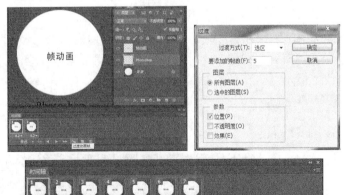

图 11-9　添加帧

（4）单击"播放动画"按钮，在图像中可预览动画效果。

2. 透明度过渡

（1）打开素材文件，将"背景"图层外的所有图层隐藏。单击帧下面的下拉按钮，设置帧速率为 0.2 秒，如图 11-10 所示。

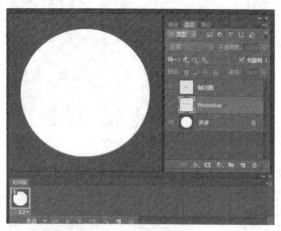

图 11-10 隐藏图层

（2）单击"复制所选帧"按钮，复制出第 2 个动画帧，并在"图层"面板中显示"photoshop"图层和"帧动画"图层，如图 11-11 所示。

图 11-11 复制帧

（3）按<Ctrl>键选中第 1 帧和第 2 帧，单击过渡动画帧按钮，打开对话框，设置添加的帧数及参数，然后单击"确定"按钮。此时，在第 1 帧与第 2 帧中间会添加 5 个过渡帧，此时共 7 帧，如图 11-12 所示。

图 11-12 添加过渡帧

（4）单击"播放动画"按钮，在图像中可预览动画效果。

3．效果过渡

图层效果包括前面学过的投影、斜面和浮雕等 10 个效果，这些效果都可以使用帧过渡功能制作漂亮的动画效果，制作方式同上。

11.2　实战案例

制作动画

（1）打开素材文件，将所有图层全部显示。单击帧下面的下拉按钮，设置帧速率为 0.2 秒。

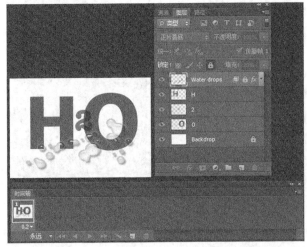

（2）单击"复制所选帧"按钮，复制出第 2 个动画帧，选中第一帧，改变"H、2、O"三个图层的位置。

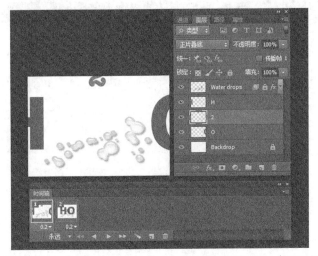

（3）按<Ctrl>键选中第 1 帧和第 2 帧，单击过渡动画帧按钮，打开对话框，设置添加的帧数及参数，然后单击"确定"按钮。此时，在第 1 帧与第 2 帧中间会添加 5 个过渡帧，此时共 7 帧。

（4）选中第 7 帧，单击复制图层按钮，复制出第 8 帧。将第 8 帧中"2"图层添加图层样式"外发光"。

（5）选中第 7 帧和第 8 帧，添加过渡帧。

（6）单击"播放动画"按钮，在图像中可预览动画效果。

Photoshop

Photoshop CS6

平面设计基础与应用教程
（Photoshop CS6）

Part
Two

应用篇

　　通过前面各章的学习，我们已经掌握了 Photoshop 的基本功能和基础操作，也能够做出一些比较简单的实例。但是对于使用 Photoshop 从事专业平面设计工作的设计师来说，想要创作出优秀的专业设计作品，这些还远远不够。为了提高我们的专业设计能力和技能，下面将针对平面设计的多个领域，讲述文字设计、网页设计、书籍封面设计、海报招贴设计的基本概念及其设计原则和要点，精选相应的案例来详细介绍 Photoshop 在实际设计应用中的操作方法和操作技巧。希望借此能帮助大家激发创意灵感，掌握相关设计理论知识和操作技能。

Chapter

12

第 12 章
文字设计

文字是平面广告中主要的组成部分，是信息的重要载体。合理地对文字进行设计处理，不仅可以使广告作品的效果更加美观，还对信息的传达有直接的影响。下面将介绍在 Photoshop 中文字设计制作的方法和技巧。

12.1 基本字体

字体的设计与选用是版面构成的基础。中文常用的字体主要有宋体、仿宋体、黑体、楷书四种。在标题等位置上，为了达到醒目的程度，又出现了粗黑体、综艺体、琥珀体、粗圆体、细圆体以及手绘创意美术字等。在版面构成中，选择两到三种字体为最佳视觉，否则，会产生零乱而缺乏整体感的效果。在选用的这三种字体中，可考虑加粗、变细、拉长、压扁或调整行距来变化字体大小，同样能产生丰富多彩的视觉效果。

下面我们来列举几种常用的字体。

（1）宋体：宋体、仿宋、书宋、报宋、标宋、大宋、粗宋、超粗宋等，如图 12-1 所示。

宋体类的字体一般用于正文的排版，书宋用于书籍的排版，报宋用于报纸排版，标宋于段落标题，大宋和粗宋则用于文章标题的排版。

（2）黑体：黑体、细黑、中黑、大黑、粗黑、超粗黑等。如图 12-2 所示。

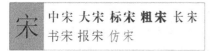

图 12-1　宋体

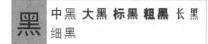

图 12-2　黑体

黑体通常用于段落标题或文章标题，如大黑、粗黑体。但有的报社或书籍出版单位也使用细黑、中黑作正文的字体。

（3）楷体：楷体、隶书、行楷等。如图 12-3 所示。

楷体属于标注类的字体，可以作副标题用，但有时也可作正文排版。

（4）艺术体：综艺、圆头体、琥珀、彩云、圆叠等。如图 12-4 所示。

图 12-3　楷体

图 12-4　艺术体

艺术字体只有在涉及艺术的文章或杂志中，比较活泼的版面可以使用艺术字体。

拉丁字母常用的以罗马体（正体）和意大利体（斜体）为主。此外，还有无饰线体、歌德体、草书体等。选择字体时应注意切合主体。

如今，电脑字体已进入设计领域，成为设计师的得力助手。其品种繁多，形成了标准字体、装饰字体和书法字体等风格。为版面构成提供了多种选择，使设计师如鱼得水，纵情游弋。

12.2 字体特征元素

字体的表现力由字体特征元素的特性决定，下面介绍与字体关系密切的几种特征元素。

1. 字号

字号是表示字体大小的术语。计算机字体的大小，通常采用号数制、点数制和级数的计算法。点数制是世界流行的计算字体的标准制度。"点"也称磅（p）。计算机排版系统，就是用点数制 p

来计算字号大小的，每一点等于 0.35 毫米。现代版面的正文用字越来越小，可以是 5～7 点，比以前的9～12 点表现的更为统一、清秀，且富于现代气息。但 5 点以下的文字太小，就会影响阅读。

2．字距与行距

字距与行距的把握是设计师对版面的心理感受，也是设计师设计品位的直接体现。行距的常规比例应为：用字 8 点则行距 10 点，即 8：10。但对于一些特殊的版面来说，字距与行距的加宽或缩紧，更能体现主体的内涵。现代国际上流行将文字分开排列的方式，感觉疏朗清新、现代感强。因此，字距与行距不是绝对的，应根据实际情况而定。

3．字体宽度

同一字体可以有不同的宽度，也就是在水平方向上占用的实际空间。

紧缩：也称为压缩，这种紧缩格式字体的宽度要比 Roman 格式的小。

加宽：也有人把这一宽度特征称为扩展。这种格式与紧缩格式正好相反，它在水平方向上占用的空间要比 Roman 格式大，或者说是加宽了。

4．字符间距与字母间距

字符间距指的是没有字体差别的一个字符与另一个字符之间的水平间距。也就是说，设计者可以同时设置整个词中的相邻两个字符之间的距离。

与行距一样，字符间距也会影响段落的可读性。虽然调整字符间距可以为页面增加趣味性，但非常规的间距值应该限制在装饰应用的范围内。正文要求使用正常间距，这样才能适应读者的需要。字母间距指的是一种字体中每个字母之间的距离（在一般设置下，两个相邻的字母是相互接触的，这有时会影响可读性）。

12.3　设计要点

作为文化的重要传播媒介，字体设计应该遵循思想性、实用性、艺术性并重的原则。

1．思想性

字体设计必须从文字的内容和应用方式出发，确切而生动的体现文字的精神内涵，用直观的形式突出宣传的目的和意义。

2．实用性

文字的实用性首先指易识别。文字的结构是人们经过几千年实践才创造、流传、改进并认定的，不可随意更改。进行文字设计，必须使字形与结构清晰，易于正确识别。其次，文字设计的实用性还体现在众多文字结合时，设计师应该考虑字距、行距、周边空白的妥当处理，做到一目了然，准确传达文章具有的特定信息。

3．艺术性

现代设计中，文字因受其历史、文化背景的影响，可作为特定情境的象征。因此在具体设计中，文字可以成为单纯的审美因素，发挥着纹样、图片一样的装饰功能。在兼顾实用性的同时，可以按照对称、均衡、对比、韵律等形式美法则调整字形大小，笔画粗细，甚至文字结构，充分发挥设计者独特的个性和对设计作品的理解。

学习文字设计，需要了解汉字和拉丁文字（包括阿拉伯数字）作为东西方文化代表的不同的文字体系。在区别两种文字的字形结构和设计特点的基础上应用美学规律，相互借鉴，发挥设计者的主观创造。

12.4 设计流程

本案例通过多种图层样式制作奶油夹心饼干文字效果。在本实例制作过程中,"图层样式"的使用、图层与图层之间的叠加以及图层"混合模式"的调整是制作的关键,完成效果如图 12-5 所示。

图 12-5 完成效果

具体操作步骤如下。

01. 新建文件,在弹出的"新建"对话框中设置"宽度"为 8 厘米,"高度"为 6 厘米,"分辨率"为 350ppi,"颜色模式"为 RGB,其余参数保持默认,单击确定按钮,建立一个新文档。

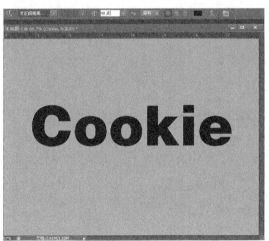

02. 新建图层,填充橘色(R:246 G:141 B:16)。利用"横排文字工具"在画面中输入英文单词"Cookie"(首字母大写)。设置文字属性,字体为"方正超粗黑",字号为 48 点,颜色为黑色。在当前文字图层上单击右键,选择"栅格化文字",将文字图层转变为普通图层。

03. 给当前图层添加图层样式。添加"投影"，将不透明度设置为 65%，距离设置为 2 像素，大小设置为 2 像素。

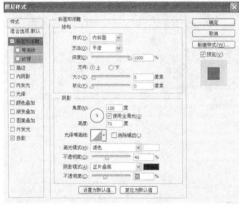

04. 继续添加"斜面浮雕"图层样式。将深度设置为 1000%，大小设置为 5 像素，阴影高度设置为 70 度，高光模式不透明度设置为 40%，阴影模式不透明度设置为 35%。

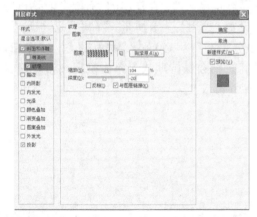

05. 继续添加"斜面浮雕"中的"纹理"图层样式。向图案中追加"图案"，选择新追加的"鱼骨/箭尾"图案。将缩放设置为 104%，深度设置为−20%，模拟添加饼干纹理效果。

06. 继续添加"颜色叠加"的图层样式，单击混合模式后的色块，选择棕色（R:92，G:18，B:16），设置不透明度为 85%，模拟饼干颜色。

07. 复制已设置好图层样式的"Cookie"图层，得到"Cookie 副本"图层，在"Cookie 副本"图层上利用移动工具向左侧、上方各移动 3 个像素距离，变成双层饼干效果。单击"Cookie 副本"图层前方的眼睛图标，将此副本图层暂时隐藏。

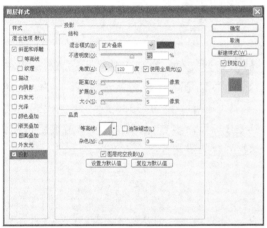

08. 制作奶油效果。新建图层，起名为"奶油"，在此图层上添加"投影"图层样式，将距离值设置为 5 像素，扩展为 0%，大小设置为 5 像素。

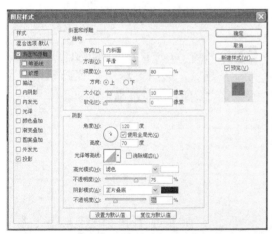

09. 继续添加"斜面和浮雕"图层样式，将深度设置为 80%，大小设置为 10 像素，阴影模式不透明度设置为 26%。

10. 绘制奶油效果。新建图层，利用"画笔工具"，设置画笔类型为"硬边圆压力大小"，画笔大小为 19 像素。在每个饼干的右下方涂抹绘制，模拟挤出奶油效果。

11. 将"Cookie 副本"图层显示出来，进一步在奶油图层上调整画笔边缘，具体效果如左图所示。

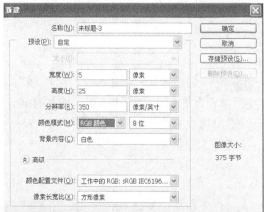

12. 新建文件，在弹出的"新建"对话框中设置"宽度"为 5 像素，"高度"为 25 像素，"分辨率"为 350ppi，"颜色模式"为 RGB，其余参数保持默认，单击确定按钮，建立一个新文档。

13. 定义画笔。将新建的画布填充黑色，绘制矩形选区，选择"编辑>定义画笔预设"，命名为"矩形"，单击确定按钮。

14. 返回饼干文件，在工具栏中使用画笔工具，将画笔类型选择刚设置的"矩形"画笔。

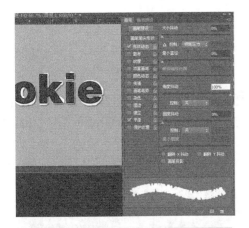

15. 单击"切换画笔面板"图标，在画笔面板，勾选"形状动态"，将"角度抖动"设置为 100%。

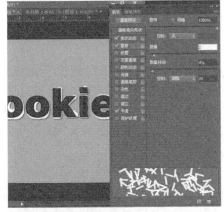

16. 继续勾选"散布"，将"散布随机性"设置为 1000%，将"数量"设置为 2，让画笔效果更分散。

17. 最后勾选"颜色动态"，将"前景/背景抖动"设置为 100%，将"色相抖动"设置为 50%。新建图层，将前景色设置为红色（R:255，G:0，B:0），背景色设置为白色。

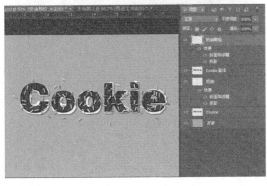

18. 在饼干上多次单击应用设置好的画笔效果。在奶油图层上单击鼠标右键，选择"拷贝图层样式"选项，在奶油颗粒图层上单击右键，选择"粘贴图层样式"选项。将奶油层的图层样式拷贝给颗粒图层，形成立体效果。

19. 对于散布到边缘的奶油颗粒，或分布较密的颗粒，可以在奶油颗粒图层中利用橡皮擦工具擦除。

20. 将"logo.png"素材拖曳至画面居中位置。在背景图层上应用"滤镜菜单>杂色>添加杂色"。将"数量"设置为 12.5%，勾选"单色"效果，为背景图层增加颗粒效果。

Chapter

13

第 13 章
网页设计

随着计算机网络技术的迅速发展和普及，人们在生活、工作、学习等方面变得更加便捷自由。网络作为一种新的媒体形式，不仅综合了图形、文字、声音、动画等多种信息载体，同时给人们提供了一个新的信息交流方式。因此，网页设计的视觉元素就成为网络信息传达的重要组成部分。

13.1 行业知识解析

网页的页面设计主要讲究的是页面的布局，也就是各种网页构成要素（文字、图像、图表、菜单等，如图 13-1 所示）在网页版面中的有效地排列。组成网页的基本元素大体相同，一般包括以下几点：

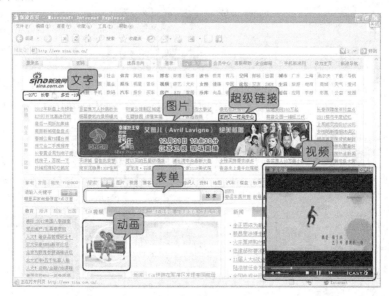

图 13-1　网页的基本构成元素

- 文本和图片：网页的基本元素，最简单的页面也需要文字或图片来表达它的内容。
- 超链接：有文字链接和图片链接两种，只要浏览者用鼠标单击带有链接的文字或图片，就可以自动链接对应的其他文件，这样才让浩如烟海的网页能连接成一个整体，这也正是网络的魅力所在。
- 动画：两种格式，一种是 GIF 格式，一种是 Flash 格式。活动的内容总比静止的要吸引人的注意力，所以精彩的动画让页面变得更加魅力四射。
- 表单：是一种可以在浏览者与服务器之间进行信息交流的网页元素，使用表单可以完成搜索、评论、发送电子邮件等交互动能。
- 音频、视频：随着网络技术的发展，网站上已经不再是单调的 MIDI 背景音乐，而丰富多彩的网络电视等已经开始成为网络新潮流。

在设计网页页面时，需要从整体上把握好各种要素的布局。只有充分地利用、有效地分割有限的页面空间、创造出新的空间，并使其布局合理，才能制作出好的网页。参考现有网络上呈现的设计网络，页面框架结构可归为三类：分栏式、区域划分式、无规律式。

1. 分栏式

分栏式结构是最常见的网页框架，是类似于新浪网（www.sina.com.cn）的页面骨架设计，以超过一屏半为准，把页面从上到下分割为几列的设计结构，如图 13-2 所示。分栏结构是一种开放式框架结构，它的用途很广。通常适用于信息量较大、更新较快、信息储备很大的站点，如门户类、资讯类网站。分栏结构中，三分栏最为常见，除此以外还有二分栏、四分栏和五分栏等情况，它们是以具体分栏列数命名的。超过五分栏以上的结构十分少见。通栏（也就是一栏）是较为特殊的结构框架。

图 13-2 分栏式页面

2. 区域划分式

利用辅助线、图形和色彩把网页平面分为几个区域，这些区域可以是规则的或不规则的。由区域所形成的网页框架叫作区域排版，它其实是分栏式结构的变异，如图 13-3 所示。区域排版之所以逐渐衍生出来，主要是因为它比分栏结构更加灵活，可以适应多种信息内容编排的需求，解决分栏结构无法解决的诸多问题。采用什么样的骨架结构，并不是"教条式"的选择，而是配合合理内容有针对性地设计。由于信息形式的需要，现在很多页面骨架是由分栏式和区域排版两种结构结合而成的。

图 13-3 区域式页面

3. 无规律式

分栏式结构和区域编排以外的网页框架归属为一类，既叫自由型框架，也叫无规律框架，如图 13-4 所示。自由型布局可以称的上是"现代型"结构布局。因为这种结构布局打破了其他结构的固定模式，大胆地发挥空间想象，把页面设计成一幅极具创意的广告作品。这种页面通常用精美的图片、网站标识性图案（Logo）或变形的艺术化文字作为设计中心进行主体构图，菜单栏则当作次要元素处理，自由地安排在页面中，起到点缀、修饰、均衡页面的效果。

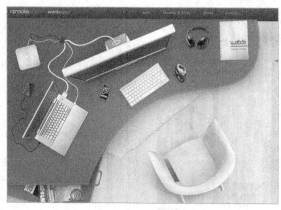

图 13-4　无规律式页面

　　这类结构一般用在时尚类网站中，如时装、化妆品等以崇尚现代感、美感为主题的网站，而专业性的商务网站不宜采用。这种结构布局的优点是靓丽、现代、轻松、节奏明快，很容易让访问者驻足欣赏。但缺点是下载速度缓慢、文字信息量少，访问者不能直奔主题，需要费些周折才能找到所需要的信息。

13.2　设计要点

　　（1）网页版式设计是软件界面设计的一部分，通常网页图像的分辨率都是 72ppi，采用 RGB 模式。网页版式一般通过"文件>存储为 Web 所用格式"命令以"HTML 和图像"方式进行存储，然后将输出的网页文件放在 Adobe Dreamweaver 中进行专业的编辑。

　　（2）网页设计要在有限的屏幕空间上将视听多媒体元素进行有机的排列组合。网页内容繁多，在视觉元素的编排上要遵循主次分明、大小搭配和图文并茂的原则。

　　（3）网页直接通过图像的传递将信息显示在屏幕上，在色彩搭配上应选择合理、符合人的心理和生理特质的色彩。网页的整体色彩效果应该是和谐的，只有局部、小范围的地方可以有一些强烈色彩的对比。因此，应先确定网站的主色调，在此基础上搭配辅色。

　　（4）在进行网页设计时首先要考虑其风格定位。任何网页都要根据主题内容决定其风格与形式，因为只有形式与内容的完美统一，才能达到理想的宣传效果。

　　（5）文字是网页设计元素中的信息传达的主角，应根据不同网页特性的需求选择标题性的文字。文本字体一般采用浏览器默认的字体或以图片方式出现，文字的创意主要集中在对文字整体造型的设计上，通过文字的整体形状、形象设计增加网页页面的感染力。

　　（6）图形图像在应用到网页页面之前，需要对其本身的内容进行周密、精心的筛选，之后使用统一的图片处理效果，选择合适大小、搭配协调的色调，选择最佳的位置，以增强网页整体效果。

13.3　设计流程

　　本案例制作网站首页效果图，制作技巧较为简单，相关图层较多，在制作过程中应随时为图层命名，并创建图层文件夹对图层进行归纳整理。大致过程：先划分网页结构，制作网站顶部，制作导航栏，再制作网站主要内容区，相似部分可以直接复制粘贴，更改相应文字和图片即可，最后制作网站底部，使网站底部在色彩和背景上与顶部相呼应，使整个网站色彩和风格达成统一。页面完成效果如图 13-5 所示。

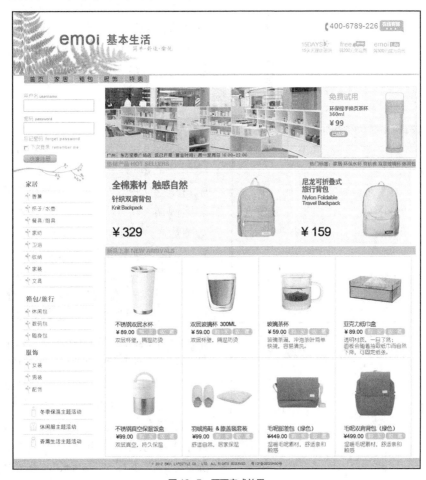

图 13-5　页面完成效果

具体操作步骤如下。

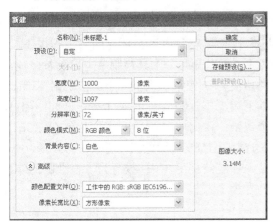

01. 新建文件，在弹出的"新建"对话框中设置"宽度"为 1000 像素，"高度"为 1097 像素　"分辨率"为 72ppi，"颜色模式"为 RGB，其余参数保持默认，单击确定按钮，建立一个新文档。

02. 根据网页内容设置基本框架结构。新建一个图层，使用工具箱中单列选框工具，执行"编辑>描边"命令，在图像上绘制出网页的大体框架结构，本图层将作为接下来图片填充的位置参考。

03. 利用"矩形选框"工具在 banner 条下端绘制一个矩形，填充绿色（R:174，G:203，B:36）。将绿色树叶素材图拖曳至页面左侧，等比例调整大小，利用"矩形选框"工具框选图片多余部分，按<Delete>键删除。键入文字"emoi 基本生活"，深灰色，字号设置为28 点，字体设置为方正大黑简体。键入文字"简单、舒适、愉悦"，浅灰色，字号设置为14 点，字体设置为方正硬笔楷体。

04. 编辑 banner 条右侧区域。利用"钢笔工具"绘制气泡形状，填充绿色（R:174，G:203，B:36），上方输入白色文字，字体幼圆，字号11 点。利用"圆形选框工具"绘制三个小圆点，填充白色。将素材图标与文字进行结合，其中电话号码字体为 Arial，字号为 18 点，深灰色；英文字体为 Arial，字号为 15 点，绿色（R:174，G:203，B:36）；中文文字字体为幼圆，字号为 11 点，浅灰色。

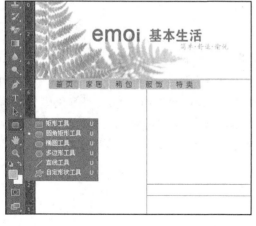

05. 设置导航条内容。新建图层，利用工具箱中"圆角矩形"工具绘制单个导航条按钮，圆角值为 3 像素。调整大小，移动到 banner 条下端，再复制 4 个，每个按钮之间间隔 1 个像素，横向居中对齐，填充灰色（R:158，G:158，B:158）与绿色（R:174，G:203，B:36）。键入导航条文字，字体设置为方正准圆简体，字号为 14 点，填充黑色。

06. 设置广告区域内容。导入广告图片素材，等比例缩放至合适大小。利用"矩形选框"工具绘制矩形条，填充绿色（R:175，G:223，B:0）。键入文字，设置字体为方正准圆简体，字号为 10 点，填充黑色。

07. 设置热销产品区域内容。利用"矩形选框"工具绘制矩形条，填充绿色（R:175，G:223，B:0）。在上方键入橘色文字，设置字体为方正大黑简体，字号为 14 点，填充橘色（R:222，G:117，B:36）。键入热门标签文字，字体为方正黑体简体，字号为 12 点，填充黑色。将产品图片调整为合适大小，上方键入中文，字体为方正大黑简体，字号由大到小分别为：24 点、18 点。键入标价文字，字体为 Arial，字号为 30 点。横向整体复制到右侧，更改内容。

08. 设置用户登录区域内容。矩形选框工具绘制矩形区域，新建图层，执行"编辑>描边"命令，描边宽度为 1 像素，颜色为深灰色。键入"用户名"字体为幼圆，字号为 12 点，填充灰色（R:103,G:103,B:103）。键入英文文字，字体为 Arial，字号为 10 点，填充灰色。整体竖向复制，更改内容。利用工具箱中圆角矩形工具绘制按钮，圆角值为 6 像素，由上至下填充绿色线性渐变（R:191,G:212,B:41- R:161,G:179,B:28）。上方键入文字，设置字体为幼圆，字号为 12 点。

09. 设置左侧目录区域内容。利用魔棒工具将枝叶素材图背景区域选中，按<Delete>键去背景，拖曳至页面左侧后填充绿色（R:176，G:189，B:138）。输入目录文字内容，字体为幼圆，字号为 12 点，行间距为 29 点，填充黑色。利用矩形选框工具选择枝叶素材图的一部分，按<Ctrl+C>组合键复制，按<Ctrl+V>组合键粘贴。放置在每个目录文字内容前方，分别复制调整间距为等比例分布。利用相同的方法分别设置下方区域。利用单列选框工具，填充 1 像素黑色，删除多余部分，平均分布做中线。

10. 设置主题活动区域内容。将素材图标去底色后移动至合适区域。键入文字，设置字体为黑体，字号为 13 点，填充黑色。中线绘制方法同上。

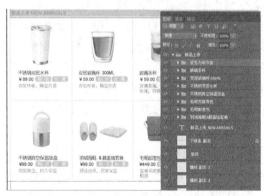

11. 设置新品上市区域内容。利用"矩形选框工具"绘制矩形条，填充绿色（R:175,G:223,B:0）。在上方键入橘色文字，设置字体为方正大黑简体，字号为 14 点，填充橘色（R:222,G:117,B:36）。将素材图去底色后等比例调整大小，移动至合适区域。键入中文文字，设置字体为黑幼圆，字号分别为 14 点和 13 点，填充黑色。键入价格文字，体为 Arial，字号为 14 点。利用工具箱中"圆角矩形"工具绘制单个按钮，圆角值为 5 像素。调整大小，分别填充绿色与灰色。上方键入文字，设置字体为幼圆，字号为 12 点，填充白色。

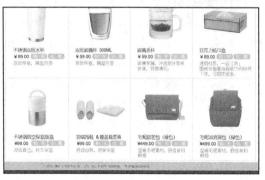

12. 将上述步骤中设置好的一块区域在图层面板中创建为一个新文件组，改文件组名称。整体再复制 7 个，分别更改内容文字与文件组的名称。平均分布排列。

13. 设置版权条区域内容。利用"矩形选框"工具绘制矩形条，填充绿色（R:175，G:223，B:0）。在上方键入版权说明文字，设置字体为幼圆，字号为 9 点，填充黑色。

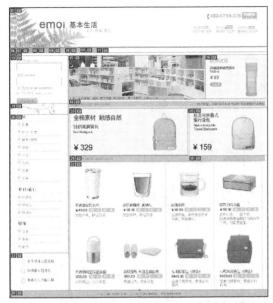

14. 生成基于参考线的切片。选择工具箱中切片工具，按照左侧图片参考进行手工切割。切片实际上就是将一幅完整的图像分割成多幅小图片，每个小图片就称为一个切片。设置切片可以辅助网页设计人员快速规划好网页框架结构。同时，将较大的图片设置成多个切片还可以提高图像在网络上的下载速度，并且每个切片还可以单独设置成超链接。

15. 输出切片。将设置好的切片导出为网页格式，然后就可以在网页编辑软件中进行制作了。选择文件"菜单>存储为 Web 所用格式"命令，单击下方存储按钮。在弹出的对话框中指定存储的位置并将格式设置为"HTML 和图像"，单击确定按钮即可保存为网页格式的文件。

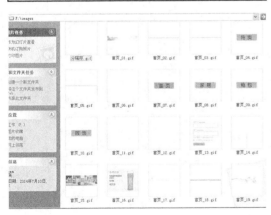

16. 保存完毕后，可以打开保存文件的目录，该目录下会有一个网页文件和一个 images 文件夹，打开 images 文件夹，就会发现所做的切片全部都存放在这个文件夹中。

Chapter

14

第 14 章
书籍装帧设计

书籍装帧设计是一门造型艺术。书籍装帧设计通过书籍的文字、插图、色彩的装饰设计来赋予书籍一个恰当的形式，帮助读者理解书籍的内容，领略书的基本精神和内涵，并以艺术的感染力吸引读者，为读者构筑丰富的审美空间、传达书籍的精神和情感，并使读者从中获得美的享受。

14.1 行业知识解析

从广义上来说，书籍装帧设计是指出版物（图书、期刊、画册）的封面、版面、装订形式的设计。其具体内容包括：书籍造型设计、封面设计、护封设计、环衬设计、扉页设计、插图设计、开本设计、版式设计以及相关的纸张材料的应用、印装方法的确定。

随着书籍形式的不断完善，书籍在社会文化生活中的地位越来越重要了，同时，社会对书籍的需要量也越来越大了。在书籍装帧材料和技术不断进步的同时，特别是 19 世纪中叶后，受国外翻译书籍、外来印刷技术和装订工艺的影响，使书籍的装帧设计发生了很大的变化，但随着书籍的生产及流通的需要，书籍装订技术和装帧设计艺术开始成为相对统一而对立的两个方面，一般装帧设计的装订技术分为平装和精装。

平装是相对于精装而言的，所谓的"平"是指一般、朴素和普通。在装订结构上平装与精装大致相同，只是装帧时用的材料和设计形式有所不同。平装书籍很像包背装，是在书页外侧包加封面、书脊和封底，且这些大多是纸面的。

精装书籍与平装书籍的内页装订基本相同，但在装订使用的材料上与平装有着很大的区别，例如精装书会用坚固的材料作为封面，以便更好的保护书页，同时使用大量精美的材料装帧书籍，例如在封面材料上使用羊皮、绒、漆布、绸缎、亚麻等。其次精装书在设计形式上会更精致，例如书名用金粉、电化铝、漆色、烫印等，从扉页、环衬到内页一般都留白比较多，并增加了许多装饰性的页码。除书籍的封面和封底外，有的还增加了护封、函套等。平装书与精装书如图 14-1 所示。

图 14-1　平装书与精装书

1. 书籍的结构

书籍封面一般是由封面、书脊和封底三部分构成的，有的封面会在两端添加大约至少30 毫米的勒口。图 14-2 为书籍封面的基本组成要素。

书籍的结构有多种术语，下面逐一介绍。

- 书芯：由扉页、目录、正文等部分构成的阅读主体，这是书中用纸量最大的部分。
- 护封：套在书芯外面起到保护和装饰作用的部分，包括封面、封底、勒口、书脊。护封通常选用较厚的纸，但不能厚到在折叠或压槽时开裂。
- 封面：护封的首页，有书名、作者、出版社名称，文艺类书籍通常还会有简单的宣传语。

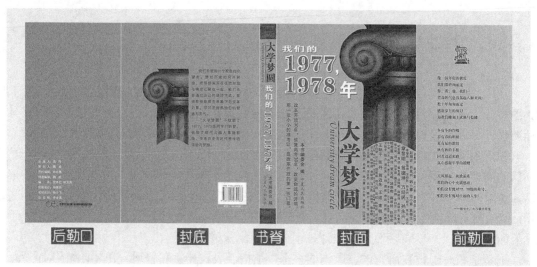

图 14-2　书籍封面构成

- 封底：护封的末页，有条形码、书号、定价。条形码必须印在一个白色的方块上。
- 勒口：封面或封底在开口处向内折的部分。并不是每本书都有勒口，但勒口可以加固开口处的边角，并丰富护封的内容，勒口处通常有内容简介、作者简介、书评等。
- 书脊：封面和封底相连的地方，这里也要有书名、作者、出版社名称或其他信息。
- 压槽：在封面上，距离书脊大约 1 厘米有一条折线，这使读者在打开封面时不会把底下的书芯带起来。
- 腰封：在护封外另套的一层可拆卸的装饰纸，可用铜版纸或特种纸，上面附有宣传语。
- 衬纸：夹在书封和书芯之间的装饰页。
- 插页：一些重要的图标或插图，夹在正文中或放在正文的前面。
- 扉页：书芯的首页，至少要有书名、作者名和出版社名称。
- 版权页：在扉页背面或书芯的最后一页，记录有关出版名称。
- 开本：将全开纸平均分成多少份，每一份就是几开。如："787×1092 1/16"的意思就是将 787mm×1092 mm 这么大的全开纸平均分成了 16 份，每一份就是这本书的大小，即最终成品尺寸是 16 开。
- 版心：页面中主要内容所在的区域。

2. 装订方法

- 平订：其方法是把书折在一起，在左边或右边，距书脊 5mm 左右处，由上向下用铁丝固定，通常用于小册子的制作。优点为成本低廉，缺点为书籍不能摊平。
- 胶订：用胶质物代替铁丝或棉线做连接物进行装订，也叫作无线订，适用于较厚的书本，是目前广泛使用的装订工艺。
- 骑马订：常用于装订较薄的册子、杂志、画报等，这种装订的方法是在书页对折的中缝处，订上铁丝或用线缝固定，书籍的内页与封面一并订装。其优点为成本低廉，缺点为书籍易脱页。
- 锁线订：其方法是把书籍的内页分成若干部分，每部分分别用线材做骑马订订好，然后叠成册，用线把它们连接在一起，加背胶粘合，最后环抱粘贴上封面，通常用于较厚书籍或精装书籍的装订。优点为结实、美观，缺点为成本较高。

14.2 设计要点

（1）书籍的封面要依据书的题材和内容进行设计，通过对书籍内容的理解，构思出独特的创意，设计出与书籍内容相贴切的封面。

（2）书籍封面上的文字设计需简练，应该让读者在最短的时间内了解书籍的相关信息。并使文字有机地融入画面结构中，采用各种排列组合和分割，产生新颖的形式，让人感到言有尽而意无穷。

（3）封面设计中色彩的运用应由书的内容和阅读对象的特征决定。如时尚类的书籍适宜用对比较强烈的色彩，悬疑类型的书籍宜用黑白色或暗色调色彩。读者的年龄、性别、文化素养、民族、职业不同，对于书籍色彩的偏好也有所不同。

（4）书籍开本的设计要根据书籍的不同类型、内容、性质来决定。不同开本会产生不同的审美情趣，表达不同的情绪。如窄开本的书显得俏，宽开本的书给人大气的印象，标准化的开本则显得四平八稳。

（5）扉页的设计要简洁，注意留白，让读者在进入正文之前有放松的空间。扉页的字体不宜太大，主要字体应与封面的字体保持一致。

（6）由于书籍封面通常是精美的彩色印刷，因此一般需要将分辨率设置为 300-350 ppi，最终印刷时的图像模式是 CMYK，如果设计初期采用了 RGB 的色彩模式，需要通过选择"图像>模式>CMYK 颜色"命令来纠正。

（7）彩色印刷的作品如果需要裁切才能成为成品（一般小于 8 开的印刷品都需要拼大版，然后再进行裁切），所以我们在创建画布时需要在画布周围上下左右各添加 3 毫米左右的出血值。设置出血线主要是为了防止作品被裁切后，在周围出现白边现象，从而影响画面的整体效果。

（8）在正规出版物的封面中，书名、作者姓名（译者姓名）、出版社名称（合称为"三名"），以及定价和条形码是必不可少的要素。除此之外，还可以根据设计内容在封底上添加关于本书的介绍性文字，在封面上添加丛书系列文字，在前后勒口上添加作者照片、简介等内容。

14.3 设计流程

本例中将为《莎士比亚十四行诗精选集》设计一个封面，书籍尺寸为 32 开本（130mm×184mm），书的厚度（也称书脊）为 20mm。所以在 Photoshop 中新建文档的尺寸，其宽度应为 130mm×2+20mm=280mm，高度应为 184mm。关于封面的效果，也可以根据自己的创意进行设计，本例只是给出设计思路及设计过程供读者参考，最终效果如图 14-3所示。

图14-3　封面设计效果

具体操作步骤如下：

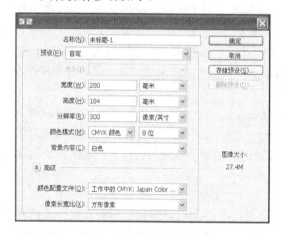

01. 新建文件，在弹出的"新建"对话框中设置"宽度"为280mm，"高度"为184mm"分辨率"为300ppi，"颜色模式"为CMYK，其余参数保持默认，单击确定按钮，建立一个新文档。

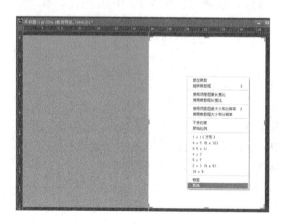

02. 在新建文档中利用"裁切工具"，设置裁切工具为自定义，宽度为：130mm，高度为：184mm，从画面的右上角向左下角拖曳，确定封面一侧的位置。按<Ctrl+R>组合键调出标尺，拖曳一条竖状参考线自动吸附至裁切工具左边缘，在白色区域单击鼠标右键，取消。利用这种方法，准确的确定出了页面书脊的一侧区域。利用相同的方法，从画面左上角向右下角拖曳，拖曳另一根参考线，中间区域即为书脊的20mm。

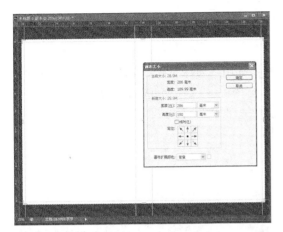

03. 在画布上下左右各拖曳一根辅助线。选择"图像>画布大小",扩大画布预留出血线。(上下左右各应多留出 3mm 出血线)。将宽度设置为 286mm(280mm+3mm×2),高度设置为 190mm(184 mm+3mm×2)。单击确定后,画布上下左右各自动外扩 3mm。

04. 设置封面背景纹理。将一张特种纸素材图拖曳至画布中,应用"编辑>自由变化"命令,按住<Shift>键拖曳等比例放大背景图,让其填充整个版面。将图层名称修改为"背景图"。

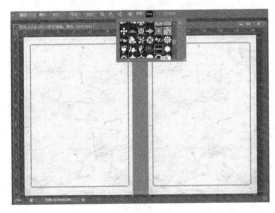

05. 新建图层,利用"矩形选区工具"在书脊处填充棕色(C:51,M:63,Y:100,K:10)。利用"自定义形状工具"中的"水波"填充相同棕色,分别装饰封面和封底的四个边。

06. 利用文字工具在封面处居中编排文字,设置书名字体为方正行楷简体,字号设置为 22 点。设置英文书名字体为 Hancock,字号设置为 11 点。设置作者和出版社字体为方正书宋简体,字号设置为 11 点。在中文书名与英文书名之间键入一排"-",形成虚线,起到装饰线的作用。

07. 利用"魔棒工具"将欧式素材图去背景，填充棕色（C:51,M:63,Y:100,K:10）。分别放置在页面的四角处及中间区域，装饰整个版面。

08. 利用"竖排文字编辑工具"在书脊处键入书名、出版社名，分别设置字号为 8 点和 11 点，字体为方正行楷简体。在封底处用相同的方法键入责任编辑、ISBN 号、定价等文字。填充图案和条形码。

Chapter

15

第 15 章
海报招贴设计

海报是现代视觉艺术的主流，是现代社会有效的广告传播媒体之一。海报所涉及的商业、文化、公益等内容充分反映了不同地域文化与不同设计风格的面貌，体现出海报设计所具有的强烈的跨国界、跨民族、跨地域的情感互动能力与艺术感染力。

15.1　行业知识解析

　　海报的应用范围很广，诸如商品展览、书展、音乐会、戏剧、运动会、时装表演、电影、旅游、慈善或其他专题性的事物，都可以利用海报做广告宣传。海报又称"招贴"，是一种在户外或其他公共场所张贴的速看广告。由于海报的幅面比一般报纸广告或杂志广告大，从远处就可以吸引大家的注意，因此它在宣传媒介中占有很重要的位置。

　　海报招贴按其应用不同大致可以分为商业海报招贴、文化海报招贴、电影海报招贴和公益海报招贴等，下面对它们进行简单的介绍。

1．商业海报招贴

　　商业海报招贴是指宣传商品或商业服务的商业广告性海报招贴。商业海报招贴的设计要恰当地配合产品的格调和受众对象，如图 15-1 所示。

图 15-1　商业海报招贴

2．文化海报招贴

　　文化海报招贴是指各种社会文娱活动及各类展览的宣传海报招贴。展览的种类很多，不同的展览都有其各自的特点，如图 15-2 所示。

3．电影海报招贴

　　电影海报招贴是海报的分支，电影海报招贴主要是起到吸引观众注意、刺激电影票房收入的作用，与戏剧海报、文化海报等有几分类似，如图 15-3 所示。

4．公益海报招贴

　　公益海报招贴是带有一定思想性的。这类海报具有特定的对公众的教育意义，其海报主题包括各种社会公益、道德的宣传，或政治思想的宣传，弘扬爱心奉献、共同进步的精神等，如图 15-4 所示。

图 15-2　文化海报招贴

图 15-3　电影海报招贴

图 15-4　公益海报招贴

15.2 设计要点

（1）海报应力求有鲜明的主题、新颖的构思、生动的表现等创作原则，才能以快速、有效、美观的方式达到传送信息的目标。任何广告对象有可能有多种特点，只要抓住一点，一经表现出来，就必然形成一种感召力，达到广告的目的。在设计海报时，要对广告对象的特点加以分析，仔细研究，选择出最具代表性的特点。

（2）设计一张海报除了纸张大小之外，通常还需要掌握文字、图像、色彩及编排等设计原则，标题文字是和海报主题有直接关系的，因此除了使用醒目的字体和大小外，文字字数不宜太多，尤其需配合文字的速读性和可读性，并关注远看和边走边看的效果。

（3）海报里图像的表现方式可以非常自由，但要有创意的构思才能令观赏者产生共鸣。除了使用插图或摄影的方式之外，画面也可以使用纯粹几何抽象的图形来表现。海报的色彩则宜比较鲜明，并能衬托出主题，引人注目。编排虽然没有一定的格式，但是必须达到画面的美感，以及合乎视觉顺序的动线，因此在版面的编排上掌握形式原理，如变化与统一、节奏与韵律、对称与均衡等要素，要注意版面的适当留白。

（4）大幅面宣传海报一般都是通过写真机或者喷绘机输出的，与印刷机和打印机输出不同的是，写真机和喷绘机输出的作品无须添加出血值，而且分辨率一般都在 72ppi 或者以下。在输出的介质方面，写真机一般使用 PP 纸，有效幅宽通常在 180cm 以内，而喷绘机常用的输出介质则是灯箱布，有效幅宽通常在 320cm 以内。目前市场上主流写真机的分辨率是 600dpi～720dpi，而喷绘机虽然可高达 1440dpi，但通常喷绘的作品的分辨率却控制在 72dpi 以下甚至更低（最低不能低于 9dpi）。

在 Photoshop 中，文档大小（字节）=宽度（英寸）×高度（英寸）×分辨率（像素/英寸）^{2}×颜色通道数量。所以，同一幅图像分辨率增大一倍，则文档大小是原来的 4 倍。

例如：一幅宽度为 10 英寸、高度为 5 英寸、分辨率为 300 像素/英寸的 RGB 模式的图像大小为 $10×5×300^2$ =13 500 000（字节）≈12.9（MB）

所以，同一幅图像，CMYK 模式要比 RGB 模式大一些。当我们将文件的宽度、高度和分辨率等参数分别输入到 Photoshop 的新建对话框中，在对话框的右下方就会出现图像大小的提示，如图 15-5 所示。

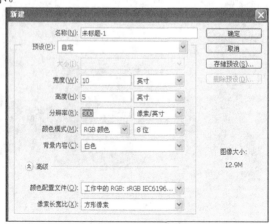

图 15-5　新建对话框

（5）写真机输出的作品通常用于室内，而喷绘机输出的作品却通常用于户外，由此决定了二者所使用的油墨性质和后期工艺有所不同。喷绘机一般使用的是油性油墨，该类型的油墨不易挥发，适合户外使用，而写真机一般使用的是水性油墨，该类型的油墨适合室内使用，但常常需要对作品进行覆膜和裱板处理。

15.3 设计流程

本案例为制作招贴画风格的视觉海报，在画面中添加了具有强烈视觉冲击力的素材，将其随意摆设。适当添加具有老旧粗糙纹理的效果，结合滤镜命令的应用，能够得到既有设计感又有朋克感觉的作品，最终效果如图 15-6 所示。

图 15-6 海报设计效果

具体操作步骤如下：

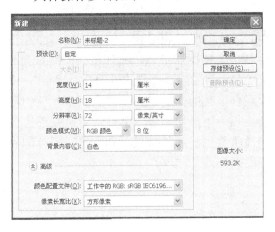

01. 新建文件，在弹出的"新建"对话框中设置"宽度"为 14 厘米，"高度"为 18 厘米"分辨率"为 72ppi，"颜色模式"为 RGB，其余参数保持默认，单击确定按钮，建立一个新文档。

02. 将一张特种纸素材"背景.jpg"拖曳到当前图像文件中。新建新图层，移动到背景图层上方，填充绿色（R:22,G:135,B:102）。将当前绿色图层的混合模式调整为"色相"。

03. 新建图层，在工具箱中选择"自定义形状工具"，在选项栏中单击形状右侧的下拉按钮，载入所有形状类型。选择"靶标2"形状，填充类型选择"像素"，填充红色（R:255,G:47,B:0）。在画面中拖动，绘制填满整个画面的形状。将图层的混合模式设置为"排除"。

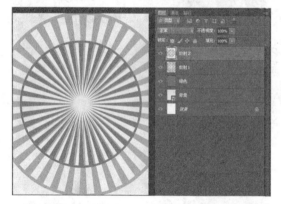

04. 新建图层，利用相同的方法再绘制个稍小靶标图形，填充红色（R:245,G:36,B:31）。

05. 新建图层，利用相同的方法在画面左侧绘制稍大靶标图形，填充绿色（R:98,G:255,B:107）。将图层混合模式设置为"排除"。排除混合模式的作用是将覆盖到原来颜色的颜色反相为不透明颜色，就好像将两张透明的胶片重叠到一起的效果，创建出新颜色的独特纹理。

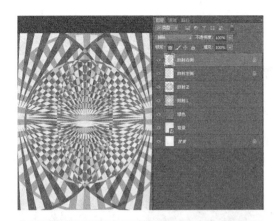

06. 新建图层，利用相同的方法在画面右侧绘制稍大靶标图形，填充蓝色（R:0,G:230,B:220）。将图层混合模式设置为"排除"。

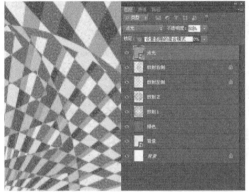

07. 将素材文件"点光.jpg"拖曳到当前图像中。将图层混合模式设置为"点光"，将不透明度设置为"50%"。给图像添加纹理从而增加画面的层次感，

08. 将人物照片处理成阈值效果。将"人物.JPG"素材图拖曳到 Photoshop 软件中，按<Ctrl+J>组合键复制一个图层，利用工具栏中魔棒工具选中画面中人物身后背景，按<Delete>键删除背景。应用"图像>调整>阈值"命令，将阈值色阶设置为 120，把图像转变为黑白强对比效果。

09. 利用工具栏中多边形套索工具，选取人物头部和肩部区域，拖曳至海报文件中。按<Ctrl+J>组合键复制一个图层，选中新图层中人物形象图层，按<Ctrl+T>组合键，在出现的自由变形区域内按右键，选择水平翻转。将两个人物头像调整至画面中合适位置。

10. 利用工具栏中"画笔工具"，添加新的图层，选择"硬边圆"的画笔效果，将前景色设置为黑色，适当调节画笔大小后，在人物下方创建形象化的云彩底图。

11. 将素材图片中的"手元素.jpg"和"云彩元素.jpg"拖曳到画面中。利用工具栏中"魔棒工具"选择灰色背景区域,按<Delete>键删除。复制，调整大小至合适位置，具体位置如左图所示。调整图层顺序，将黑色圆点图层和人物头像图层上移至其他图层上方。

12. 创建新的图层并将其命名为 Circel。在工具箱中选择椭圆选框工具，绘制圆形选区，然后将其填充为黑色。按住<Ctrl>键的同时单击 Circel 图层的缩览图，载入选区，然后打开通道面板。单击"将选区保存为通道"按钮，单击 Alpha1 通道将其激活。

13. 选择 Alpha1 通道，单击鼠标右键，选择复制通道命令，在打开的复制通道对话框中单击文档下拉按钮，选择"新建"复制通道。

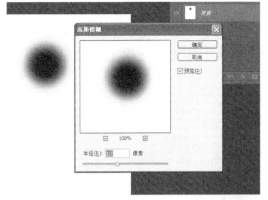

14. 在独立的通道中按<Ctrl+I>组合键反相命令，将通道的颜色反相。在菜单栏中执行"滤镜>模糊>高斯模糊"命令，将半径值设置为 10 像素。

15. 在菜单栏中执行"滤镜>像素化>彩色半调"命令，将最大半径值设置为 6 像素。利用工具栏中"魔棒工具"选择黑色圆形网点区域，利用移动工具拖曳回原图像中，拖曳至画面人物的中央，将颜色填充为红色（R:245,G:40,B:28）。

16. 分别将素材文件"音乐元素.jpg""音响元素.jpg""文字元素.jpg""气泡元素.jpg"素材拖曳至画面中，利用工具栏中"魔棒工具"去灰色背景，调整大小后移动到合适位置，具体位置参照左图。

17. "绿色文字元素.jpg"素材拖曳至画面中，利用工具栏中"魔棒工具"去灰色背景，调整大小后移动到合适位置，调整"绿色文字元素"的图层顺序到"手元素副本"下方。在"手元素"图层和"手元素副本"图层上应用工具栏中橡皮擦工具，清除与手部重叠的绿色文字图像，表现出手举着标题的效果。

18. 新建新的图层，在工具箱中选择"椭圆选框工具"，在人物头部上方自由排列黄色椭圆（R:247,G:221,B:2）。并在其中放置黑色小圆图像，使图像不再单调。

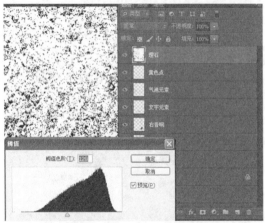

19. 将"理石.jpg"素材图拖曳至画面上，调整大小，执行"图像>调整>阈值"命令，将阈值色阶设置为 128。

20. 在"理石"图层上执行"图像菜单>调整>反相"命令，将颜色反相，将图层混合模式设置为"浅色"，将不透明度设置为"40%"，表现出粗糙的质感。

21. 在"理石"图层上单击图层面板下端的"添加图层蒙版"按钮，将前景色设置为黑色，利用画笔对图像纹理过多的部分进行处理。

22. 将"理石.jpg"素材图拖曳至画面上，调整大小，利用工具栏中"矩形选框工具"拖曳画面中心主要区域，按<Delete>键删除，制作画面边框效果。

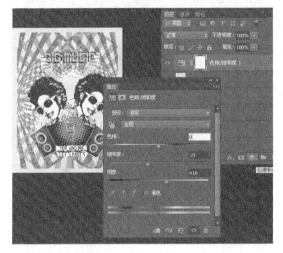

23. 单击图层面板下方的"创建新的填充或调整图层"选择"色相/饱和度"，在弹出的属性面板中将饱和度设置为"-21"，将明度设置为"+16"，强化作品的最终效果。

参 考 文 献

[1] 蔡克中，晓帆，王海波. Photoshop CS6 中文版标准教程[M]. 北京：中国青年出版社，2012.

[2] 郭发明. 完全掌握 Photoshop CS6 商业设计超级手册[M]. 北京：机械工业出版社，2013.

[3] 胡卫军. Photoshop CS6 白金手册[M]. 北京：清华大学出版社，2013.

[4] 王树琴，李平. Photoshop CS5 平面设计实例教程[M]. 北京：人民邮电出版社，2013.

[5] 严亚丁，Koht Erik. 网站规划设计实例精讲[M]. 北京：人民邮电出版社，2005.

[6] 申娜徕. WOW!不一样的 PHOTOSHOP 设计风格[M]. 北京：中国青年出版社，2012.

[7] 李金明，李金荣. Photoshop CS6 完全自学教程[M]. 北京：人民邮电出版社，2013.

[8] 林兆胜. Photoshop CS6 白金手册[M]. 北京：电子工业出版社，2013.